零失誤法・則

工作效率高又能不出包的人，究竟做了什麼？

—— 仕事が速いのにミスしない人は、何をしているのか？ ——

史丹佛大學工程學博士

Kenji Iino

飯野謙次

卓惠娟———譯

前言

本書要介紹提高工作速度及品質（完成度及正確性）的方法。

- 該做的工作做不完，導致必須加班……
- 才想著大致已經完成了，卻因為小小的疏忽而必須重頭來過……
- 因為出包或失敗，導致原本應有的獎賞或升遷機會泡湯……

你是否曾有過上述經驗呢？很多人可能都曾想過「**要是工作能更有效率、無懈可擊地完美達成就好了**」。

本書為了實現上述這些願望，**歸納出「工作效率高又能不出包」的人究竟掌握哪些要訣**。

提升工作速度的同時，也能鏟除失誤、失敗是本書的目標。雖然有關重視效率化、縮短時間、步驟程序的知識不勝枚舉，本書最主要的重點則放在「不犯差錯、失敗」。

人們常說「失敗為成功之母」，但不用我多說，日常生活中的工作或生活失誤、失敗，誰都希望能免則免。而且，我認為即使挑戰新的領域，為了獲致成功未必要親自經歷失敗的經驗；不，我甚至認為**我不能失敗**。

這是為什麼呢？因為我們人類是能使用語言溝通的動物，我們大可借鏡他人的失敗經驗。

比方說在挑戰前人未曾涉獵的領域時，所要挑戰的一切，並不是真的百分之百沒有任何人嘗試過。

過去曾有相同目標卻失敗的人、中途受挫放棄的人、做類似的事情，但最後期望目標不同的人……即使嶄新的挑戰，仍有許多近似的不同領域有前車之鑑可供參考；如果是跨入完全嶄新的領域而在第一步失敗自然不在話下，但行經的路程——前人曾經走過的區域就不應再失敗。

確實記取前人的教訓，並且能夠克服，才是一個能獨當一面的商業人士。這麼一來，便取得挑戰新事物的資格。

為什麼鏟除失敗或差錯如此重要？

你是否曾經聽過「失敗學」一詞？

我在二〇〇二年，和出版《失敗學建議》的畑村洋太郎，組織「失敗學會」。營運至今已長達十四年，持續舉辦活動，因而有幸謹聽各種不同業界的佼佼者經驗，和許許多多的社會人士共同學習。

另外，更在東京大學、上智大學、九州工業大學等為數眾多的研究所，針對失敗學及如何避免失敗規劃課程授課。

除了參與日本國內屈指可數的大企業指導，近年來並列席消費者廳的消費者安全調查委員會，同時進行防患於未然的資訊宣導等工作。

至於為什麼研究工程學的人會對「失敗」產生興趣，那是因為工程學上發生的多數失敗，往往輕易地奪取人們的性命，導致重大事故的發生。

我們的生活周遭，從日常微不足道的小事，到無可挽回的事物中，充滿各種大大小小的差錯、失敗。這些狀況若是發生在工程界，多數失誤都會極端嚴重數倍以上。日常生活中的一根螺絲鬆了，可能會使架子掉落；但發生在工程上，一根微米單位的螺絲鬆了，就可能造成眾多寶貴性命的喪失。

因此相較之下，我們平時對於「失敗」、「失誤」必須比一般人更提高警覺。蒐集有關世界各地所發生的意外事故、醜聞之情報，查證發生重大事故背後的主因（多數重大事故，背後所隱藏的往往只是小小的差錯、失敗），為了避免犯同樣的錯誤，應該怎麼做？

首先是先蒐集這些資訊。

然後為了避免自己，或其他研究人員重蹈覆轍，我們散布這些資訊，與全世界共享。

「失誤」是可能發生在每個人身上的人生風險

「那些重大事故，和我無關。」

如果你有這種想法，奉勸你立刻拋掉。

我剛剛說：「多數重大事故的背後，隱藏的往往只是小小差錯、失敗」。這是千真萬確的事實，**任何人都可能發生的小小差錯或過失成為開端，造成無法挽回的憾事，這些案例從來不會絕跡。**

比方說，新聞報導中時常出現的高速公路連環車禍。好幾輛車追撞在一起的重大事故，起因是其中一位駕駛一瞬間沒有注意到前方的關係。要論失誤的規模大小，這可以說只是小小的失誤。

又或是，也發生過因為送出沒有充分檢查的文件，從其中的「小差池」，導致波及數家公司的大騷動等事件不是嗎？

因為沒有定期健康檢查，以致過晚發現疾病，也可以大致歸類為「檢查不充分」的差錯、失敗。

確實防止小小的失敗，一旦發生就妥當應對，是為了防範發生大失敗的唯一途徑。從重大事故到輕微疏忽，進行全面檢核因應，正是「失敗學會」的成立宗旨。

本書所要說明的「效率化」結構

話雖這麼說，本書並非討論失敗學的專門書，本書由始至終論述的失敗都聚焦在「個人」及「工作」事務。具體來說，透過本書可以避免的失敗如下：

- 行程管理疏失、撞期
- 趕不及交貨期限
- 溝通上的障礙、不一致
- 重要文件因為疏忽而寫錯
- 在某個地方計算出錯，最後的數字對不上
- 檢核清單時有遺漏

● 遺失物品，重要的物品不在手邊
● 未能達到業績目標而受到指責

防止這些失敗產生的方法非常簡單，而防止這些失敗就能使工作有效率。而且，剷除差錯、失敗的結果，不就能大幅縮短在工作上耗費的時間嗎？

同時，雖說是「個人失誤」、「工作失誤」，也會在許多方面對公司組織、家人、朋友、身邊的人造成影響。

一個人的失敗，在多數情況下，都會為周圍的人帶來不良影響。一個人在工作上捅出大簍子，很可能需要整個團隊全力以赴，才能力挽狂瀾；萬一是家人、朋友，更是難以撇清責任。

他人的損失就是你的損失。若是能透過本書多少在效率化思考或減少失誤派上用場，希望你能先和身邊的人分享。

若是本書所提出的避免失敗的方法、克服的方式，能夠多少對各位，以及周遭的人日常生活及工作產生幫助，將是我最欣慰的一件事。

飯野謙次

目錄

第1章 為什麼他工作迅速又不會出包？

第2章

同時提升工作品質與速度的方法　入門篇

第3章

「最少、最簡、最有效率」的防範疏失工作法

第4章

能管控電子郵件者，才能管控業務

第5章

把表現發揮到淋漓盡致的工作術

第6章

成為「出色工作表現」關鍵的人際關係與溝通訣竅

第8章 如何打造「適用個人的工作術」

第9章 在最短時間內達成自我實現的工作方法

第1章

為什麼他工作迅速又不會出包？

なぜあの人は、仕事が速いのにミスしないのか？

博得「可靠」、「菁英」美名的工作術

只要消除差錯，人際關係和工作就能大幅改變

不論多麼謹慎小心的人，我們都同樣處於「與失誤比鄰而居」的環境。沒搭上預定的電車、文件寫錯、迷路、跌倒、弄壞物品、惹他人生氣、檢查不夠仔細、聯絡有誤、話說得太過分、會錯意、受傷……不論是立刻就能修正的錯誤，或是難以挽回的過失，面對的失誤五花八門。

此外，有些失誤是「幾乎每次都是因為技術或經驗不足而失敗」，有些失誤則是「平時都能順利完成，這次卻失敗了」這類因為「分心而做不好」，「因為匆忙而出了平時不會有的差錯」的情況，也可以說是容易發生失誤的模式。

或者還有「即使以同樣的方式做同一件事，有時會失誤，有時卻能順利完成」。

說到這裡，或許有人會認為「什麼嘛，有時會出錯有時不會出錯，這不就和擲骰子一樣嗎？既然這樣，在某種程度上，失誤也無可奈何，只能怪運氣不好，放棄不是嗎？」

不過，這樣就放棄未免太早了。

請回想一下你認識的人。

你的身邊，是否有**「完全不犯錯的人」？**

面對任何事，都能隨機應變的人？

明明難以控制指揮的事，卻能駕馭自如的人。

即使是單調連續的作業，卻令人驚異地能夠正確且迅速完成的人……

世上確實有上述這樣的人，這樣的人和失誤連連的人之間，究竟有什麼差異呢？

事實上，差異就在**是否了解避免犯錯的技巧，並且加以靈活運用**。

鮮少犯錯的人，從平日的生活當中，就養成「不犯失誤的習慣」。

只要養成不犯失誤的習慣，平日的失誤就能驚人地降低。會不會犯錯、失敗，和賭博或運勢毫無關聯。

讓「不犯錯」成為你的招牌

相信任何人都會希望失誤「永遠不要出現」。然而，事實上失誤卻不是拍胸脯保證「不要出錯」就能輕鬆解決的事情。因此，**光是「不要失誤」，就能提高他人對你的信賴感，成為你自身的「強項」**。

剛剛我請你回顧身邊那些「不犯錯的人」。對於這樣的人，你抱著什麼樣的印象呢？

可想而知的回答諸如「**工作效率高**」、「**有才幹**」、「**聰明**」、「**精明**」、「**值得信賴**」……**等，但任何一個印象，我想都可以代換為「工作能力強」**。

相反的，對於和一般人相較之下經常犯錯的人，你又抱著什麼樣的印象呢？

「不犯錯」是通往速度化的最佳捷徑

「散漫」、「不可靠」、「冒失鬼」、「沒有管理能力」……**和不犯錯的人相較之下，就會看扁你，認為你差人不只一等、二等。**

失誤除了客觀上會造成實際的損失或負面印象，**最可怕的是讓人烙下「你這個人＝出包大王」的印象。**

話說回來，若是能建立「交辦給他準沒錯」的印象，即使不幸出了什麼差錯，對方也能設身處地為你著想：「辦事一向牢靠的田中竟然會出這種錯，究竟發生什麼事了？」容易接受你的道歉或包容你，補救的機會應該也會較多不是嗎？

相對的，若是在別人心中留下一個「出包大王」的壞印象，一旦出差錯時，難免先入為主，認為「又是佐藤出包！難道不能想個辦法嗎？」

提升工作品質與效率的最佳祕訣

那麼，**一個人失誤的多寡，難道是天生註定的嗎？當然不是。**

請回想一下小孩子剛開始拿筷子的情景。小孩子剛拿筷子時，使用情況如何呢？是不是很笨拙呢？如果是自己的孩子，想必能耐心地把孩子教到會為止。但如果是別人的孩子，看他掉得滿地都是，吃得又慢，可能忍不住會想拿一支湯匙給他，要他「用這支湯匙吃吧！」

如果你身邊沒有這樣的孩子而難以想像，不妨以非慣用手，試著使用筷子。

我過去曾因為酷愛啤酒而招來好幾次痛風的經驗（說來慚愧，這個「痛風反覆發作」的失誤，不論採取什麼樣的對策都改不了）。痛風發作的部位因人而異，我個人則是左膝或右手腕。因為我慣用右手，每次痛風一發作，就無法使用右手。

因此，我便開始練習用左手來拿筷子，剛開始痛風而無法使用右手時，連最愛的拉麵也無法好好地吃。

不過，經過幾天練習，掌握訣竅後，飯粒也能順利挾起來。只用左手也能幾乎毫無差錯地熟練使用筷子。

想避免任何失敗，都是相同的原則。

為了避免失敗，有幾個小祕訣。只要能掌握祕訣，就能自然鏟除失誤。即使一開始很麻煩，只要把這件事放在心上，這麼一來，尋找其中祕訣成了習慣，就能自然而然地迴避失敗。你不再會覺得尋找訣竅是件麻煩的事，也能理所當然地避免失敗。

「不小心出差錯」的原理

背後的一大關鍵因素是？

為了防止失誤，首先要認清楚一個事實。

那就是**「只有人和動物才會發生失誤」**。機器或電腦不可能發生失誤。

我似乎可以聽見有人反駁：

「咦？沒這回事。電腦不是經常發生系統錯誤嗎？」

「我就曾看到新聞說，因為電腦計分錯誤而改變了大學入學考試的合格與否。」

的確，系統確實會發生錯誤的狀況，這樣的消息在新聞中也時有所聞。

但是，這並非電腦的失誤，不論硬體或軟體，都只是依照人類設計、製作的內容，忠實地執行運作而已。因此，之所以發生錯誤，是因為製作硬體或軟體的人類，由於設計或製作出錯，因而無法如預期運作導致，並不能怪罪電腦。

出錯的原因無論如何都是在人類身上，先正視這個殘酷的真相。但相對的，也代表誕生一線光明——**「無論任何失誤，都能藉自己的力量去防範」**。因為電腦或機器，都不會自作主張地發生錯誤。

一個人若是有心鏟除失敗，就有可能讓一切失誤斬草除根。

真是「意想不到發生」的嗎？

每當發生重大疏失時，很多人會說：

「想不到會發生這樣的錯誤。」

「怎麼也想像不到竟然會有這種事。」

「因為沒注意而疏漏了。」

要鏟除失誤之所以如此困難，正因為失誤是「意想不到發生」。如果早就預料到「這麼做應該會發生失誤吧」，通常不是什麼大不了的失誤。正因為發生前所未有的意外狀況，才發現原來竟有重大的疏失。二〇一一年的東日本大地震，以及福島第一核能廠的事故，可以說正是典型的實例。

「怎麼也沒想到會發生那麼巨大的海嘯。」

應該有很多人都是這麼想的吧？

正因為這樣的思考，東京電力及日本政府才會慌了手腳，在應對上始終慢半拍。後來從各方面的驗證，認為「不會發生如此巨大的海嘯」這種思維，正是造成災難的原因。

前面說過，我隸屬於檢驗世上所發生的各種失敗，致力防範再次發生的組織之「失敗學會」。比方說，化學工廠爆炸、游泳池事故、電車脫軌意外、飛機墜落等，每當發生事故或意外時，我們就蒐集相關資訊，分析發生原因，建立成資料庫，竭力避免再次發生同樣的事件。

因為是這樣的一個組織，所以從二〇一一年以後，有關核能發電，除了數次開會碰面，並出席在希臘舉辦的「歐洲品質會議」，就核能發電廠的設備是否有不充分的部分等因素，進行種種討論。

透過這樣的參與，我們檢討對於什麼樣的事物，應當準備到什麼樣的程度。透過失敗學會的參與投入，所得知的是——**世上任何事故或意外，幾乎沒有一件是「史無前例」或「完全出乎意料」**。

即使前面提到的核能發電廠事故，發生十五公尺高的海嘯，是否完全無法預測？如果就「失敗學會」做出的結論，答案是否定的。事實上，大地震發生後，祖先留下來的石碑寫著「住宅不能蓋在比這裡低的位置」，再次受到世人注目。

這才是工作幹練者「著眼之處」

此外，二〇一二年因為水泥天花板崩塌，造成多人犧牲的笹子隧道意外，其實在二〇〇六年波士頓也曾發生同樣的意外。若是能與世人共享意外過程的報告，闡述分析對策的話，笹子隧道的不幸事故，或許就能有機會防範。

類似這樣運用過去曾發生的意外或疏失，就能了解實際上**幾乎沒有「完全意想不到的失敗」**。

「失敗學會」正是抱著這樣的信念，致力於盡可能減少意外的組織。

把個人在工作或日常生活發生的失誤，和這一類重大事件相提並論，或許有人覺得不恰當。然而，即使是個人程度的失誤，基本的思考方式仍然沒有兩樣。以個人程度來說，「咦？怎麼也想不到會發生這種事」的失誤，放到整個部門、整家公司或是整個世界的觀點來看，也必然會發生類似的失敗。然而，**現在仍然不斷發生相同的失敗，就是因為並未分享過去所發生的類似失敗**。

又或是，過去所發生的失敗並未有效歸納分類成一個系統，以致我們沒有意識到屬於同類型的錯誤。

只要明白規避的訣竅或過去發生失敗的原因，就能使失敗大為降低。而且，還能在失敗即將發生之際，就能注意到徵兆。

為了防止失敗或減輕損害程度，察覺**「過去必定有警示」**這一點十分重要。

光是「以後我會小心」，無法鏟除失敗

那麼，我們該怎麼辦？

這一節我想先告訴各位，鏟除失敗的一大原則。

那就是**「謹慎小心無法鏟除失敗或失誤」**。

人們經常在發生什麼失敗時，賠罪表示「真是抱歉，以後我會小心」。只要盡可能以誠懇的態度這麼說，多數情況下都會被原諒。對方聽到這句話，通常都會相信：「這個人應當真的在反省了，想必不會再犯同樣的錯誤吧？」

而且，這個時刻「相信」的並不光是聆聽的一方，就連出口謝罪的當事人想必也抱著重大的決心認為：「我再也不會犯這樣的錯誤了！」說得更囉唆一

點，就是在內心暗暗發誓「下一次遇到同樣的狀況時，我會全神貫注，更加小心，避免失敗」。

「以後我會小心注意」，結果往往無法遵守的原因

那麼，這樣的承諾究竟是否真的能實現呢？不，通常的情況下，這個承諾都會被打破。

人類的決心並不可靠，專注力更不值得信賴。如果是以機器持續需要細心的作業還有可能，對人類而言則不可能。

事實上，機器也不是透過專注力來進行精細作業，在同樣的位置分毫不差地組裝相同的零件，或是從文件中檢索有無錯漏字，機器運用的並非「專注力」，更談不上「意識」的問題。

進行的作業若和是否專注無關，就不會有專注力分散的問題，機器只是按照指示，依循邏輯忠實再現而已。

相對的，人類擁有意識，而且意識變化無常。

正在工作之際，腦海中卻突然想起個人私事，或是肚子餓了、嘴巴渴了。有時因為身體狀況不佳，或是宿醉，又或是在意隔壁的人、或者被討厭的上司責罵而心情沮喪。人類的意識總是自由任性地變化莫測。

對於擁有自由意識的人類，**要求「永遠保持專注力」，是無論如何都不可能達成的任務**。

而且，因為不可能注意到每一件事，所以**傾注全力注意一個重點的結果，往往就容易疏忽其他的重點**。

舉個例子來說，開車時不能只專注一個位置就相當重要。在車道人行步道沒有清楚區隔的路上，若是要求「要以最大專注力小心行人」，同時指示「看到有得來速的店就繞進去」，就很容易疏忽其中一個指示。對於菜鳥駕駛，絕對不能提出這類的要求。

真正要解決的問題，其實在其他地方

我認為**如果人們需要保持不間斷的高度專注力，那是因為作業本身「不夠成熟，在設計上有缺陷」**。

以上面的駕駛例子來說明，提出「以最高的專注力小心行人，同時要去設有得來速的店舖」的指示本身，若是容易發生事故，原因不僅在於駕駛人技巧不夠嫻熟。「必須小心駕駛的道路上，卻要注意設有得來速的店舖」才是問題發生的根本原因。

又或者說，倘若汽車附有自動煞車裝置，當自動駕駛普及化，或許就不會發生因為汽車操作或沒注意到前方而引起的事故了吧？若是就這一點來考量，可以說汽車性能尚未完全成熟。

若是汽車能改良得更加完備，近年來深夜高速巴士而引起的交通悲慘事故，應該就比較不會發生了（話雖這麼說，並不表示過度惡劣的勞動條件就不需要改善）。

現在普及的客機因為有自動駕駛裝置（autopilot），機師終於可以從「必須全力專注」的嚴苛工作條件中解放。可以讓機師為了起飛、著陸等重要狀況，充分保有專注力。這可以說正是為了避免發生意外事故而修正設計的絕佳實例。

停止在不擅長的領域持續苦戰！

本書所要談的辦公室作業，又是如何呢？

比方說影印機的問世、電腦的自動校對功能等，和過去相較之下，要求高度「專注力」的工作，可以說持續在減少。

然而，我們一定要耗費專注力及勞力的作業，仍然源源不絕。

比方說，整理方向及大小都不同的收據，整整齊齊地貼在A4紙上，影印好，再把內容輸入電子試算表或資料庫中……這樣的會計作業，有許多應當注意的重點，好比說不能輸入錯誤，確認是否有申請遺漏等。

因此，會計便透過雙重檢核，或是加入檢核除錯功能等對策，雖然未臻完美，但也確立了較不容易出錯的手法。

不過，就如同會計作業般，和工作本質沒有太大關係的事物，今後應該會逐漸消失。

銷售方的ＰＯＳ系統（point of sale／銷售時點情報系統）的進展，消費端的信用卡系統的變化，仍然還難以預測，不過，基於ＩＴ技術的運用，「多重應注意重點的煩瑣作業」，未來將不再是必要的。

換句話說，**改變系統本身，轉換為「不會產生失誤的結構」**。

事實上，在思考個人失誤時，重要的是從現階段的「為了避免失誤所以一定要專注進行操作的結構」，轉換為「即使不專注也不會發生失誤的結構」。

同時，接下來要介紹的「避免失誤的祕訣」，正是我們針對個人層級可以運用的「不會發生失誤的結構」。

什麼是「任何人都不會失敗的結構」？

再怎麼提醒，申請經費仍然老是出錯的人，即使加以糾正，要求對方「下次請注意」，徒然浪費時間。對這樣的人只有確實建立報帳結構，才能使彼此的工作順利進行。

有關個人的失敗，也請你建立同樣的思考態度。

當做錯什麼事的時候，不要再禱告「下次開始會小心一點」。

當被要求需要專注，或是發生作業煩雜的情況時，應當思考怎麼做才可以避免需要專注才能不出錯，或讓作業不要這麼煩瑣。

這才是鏟除失敗的最短捷徑。

Column

人類的專注力，能夠持續多久？

說到「人類的專注力無法像機器般長久持續」，就會給人留下人類輸給機器的印象。不過，就瞬間的專注力來說，人類絲毫不比機器遜色，能夠透過意志的力量，讓專注力達到非常高的水準。

比方說棒球的打擊者。他們以揮棒、轉動肩膀來放鬆，準備上場，進入打擊區後，用球棒點一點本壘板，逐漸升高緊張感，當投手準備投球，最高潮的時刻，專注力也一口氣達到最高峰，這一瞬間的專注力非常出色。

另外，人類的專注力有一個特徵，那就是「因人而異」。有些人能心無旁鶩地工作，有些人則是一刻也靜不下來，總是不斷閒聊，難以專注在工作上，站在上位的人，必須觀察每個人的適性來分配工作。

無法保持專注力的人，就不要分配需要高專注力的工作，因爲會提高失敗的機率。

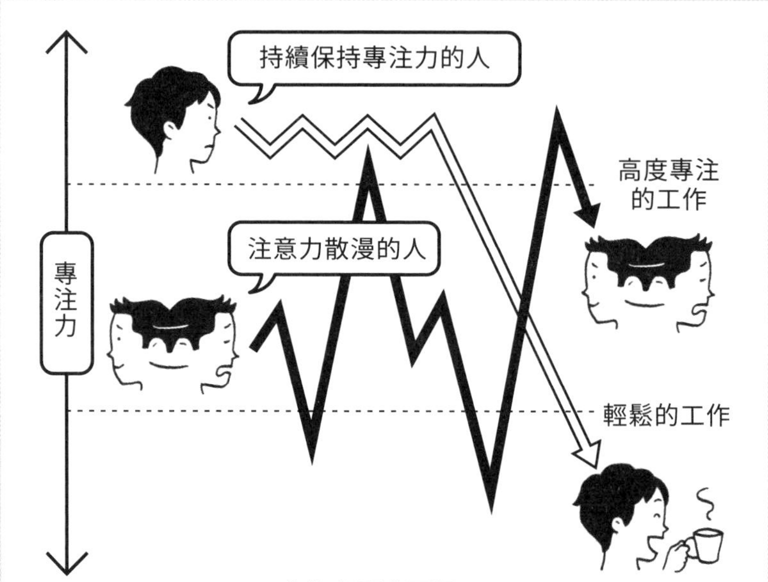

專注力因人而異

另外，一般而言，專注力持續愈久的人，愈是容易在閒暇時盡情放鬆。

能夠掌握這些特點，了解自己的專注力到什麼程度。然後就應該能夠了解，對於什麼樣的事物能夠以專注力應對，哪些事應該以系統化處理。

第2章

同時提升工作品質與速度的方法 入門篇

仕事の質とスピードを同時に上げる方法　入門編

1

聰明管理資訊的「存檔」及「分享」訣竅

所有人都應該知道的「1・2原則」

這一章就來看看，如何將工作效率化的具體方法吧！

由於電腦及智慧型手機的普及，我們日常的生活也開始習慣處理「資料」（data）。不僅是每天與他人的溝通透過文字資料（電子郵件）來進行，連音樂、影像等也使用資料相互交流的時代。今後日常所要管理的資料數量及種類，也會增加。

在這樣的情況下，「與資料有關的失敗」也更凸顯出來。

● 兩人透過電話比對電腦上的文件，但內容卻怎麼也兜不攏。進一步確認後，才發現對方的資料並不是最新的版本。

- 一整天對著電腦辛苦建立的工作資料竟然瞬間消失，不得不從很久以前的工作重新再做一遍。

隨便回想一下，就能發現我們日常中犯了許多「和資料相關的失敗」。尤其是基於經驗而累積的「資料管理能力」因人而異，在許多職場，這一類的疏失可說司空見慣。

共享的資料保存在「1」個地方

多數人共享同一個檔案時，經常會有人以郵件附加檔案寄給群組的所有人。如果公司內部使用的是「附加檔案」的方式，建議你現在立刻就停止這種做法。

共享資料保存在一個地方，是管理資料的基本原則。

在現代的資料庫運用普及以前，名冊都是以總帳來管理。因為總帳只有一本，所以即使記錄有誤，並不會因為資料不同而產生失誤。

當時代演變成一人一台電腦處理資料的時代，所有人都可以同時共享、編輯同一個檔案時，為了編輯而把檔案下載到自己的個人電腦，導致有幾個人編輯，就產生幾份複製的總帳在電腦裡。因此才會發生和鄰座所看的資料版本不同，搞不清哪一份資料才是正確版本的問題。

或許有人會很不以為然，覺得「只要更加小心管理不就好了」，但一一注意根本是多此一舉，只要建立把資料保存在同一個地方的架構，就能避免資料不同而產生的失敗。

運用**雲端硬碟**，就能簡單和公司以外的人共享資料，因此我很推薦。

只要貫徹「共享的資料保存在一個地方」的原則，很多工作應當都能進行得更順利。

使用「2」種以上的資料備份

前面叮嚀大家要把共享資料放在一個地方保存。我想可能有人會產生疑問：

「重要的資料如果只保存在一個地方，萬一硬碟發生毀損時怎麼辦？」當然，電腦資料有必要備份。我提出的「2」，就是有關備份的原則。

多虧各界抬愛，讓我得以時常在日本及海外各地，針對有關「失敗學」的主題進行演講。

對我而言雖然是固定內容的演講，但因為每一次演講的對象都不同，所以對於聽眾而言，每一次都是特別的。為了回應聽眾的期待，有關演講使用的PowerPoint 資料備份的方法，我也會相當費心。

我的做法是除了攜帶「存了演講資料的電腦」，以及「資料另存檔名的USB 隨身碟」。以「2」種以上的形式備份，是擔心萬一發生什麼意外導致所帶的電腦無法使用時，只要借一部電腦就能照常演講。順便一提，隨身碟的檔案之所以另存檔名，是為了**哪個是原始檔案可以一目瞭然**。

近年來，有些公司為了資安，不接受外部拿來的隨身碟插入自家的電腦使用。遇到這種情況時，我就會先在雲端上傳當天演講要用的資料。等於有三個備份。

另外，平時就養成「2」種以上的備份習慣，萬一發生什麼意外狀況導致作業中的資料消失時，至少能保有接近檔案消失時的資料，就這點而言，這個習慣也可以說有助於工作效率。

Action ❶

資料共享時停止使用「附加檔案」的方式。

2 你知道檢核清單的正確使用方式嗎？

不同的人重複相同作業，徒然浪費時間與勞力

依照某個順序進行的作業，常會使用檢核清單（checklist）。每一個步驟的指示都鉅細靡遺，每完成一個步驟，就在上面打勾確認。

「失敗學」中，經常提出使用檢核清單的缺點。因為使用檢核清單，作業者停止思考，反而發生只需稍加以常識思考就能避免的錯誤。

只不過，程序複雜煩瑣的工作，如果沒有檢核清單就容易引發混亂。因此，檢核清單至今仍當成次優選項使用。

我們不妨衡量看看，**在進行必須依照固定程序進行作業時，利用檢核清單，**

防範失誤的同時也提升作業效率。

美國製的檢核清單更容易使用

檢核清單並不是日本特有的文化。我過去在美國工作時，也曾使用美國的檢核清單。

雖然這並不是能夠單純比較的東西，我個人覺得**美式的檢核清單更實用**。

美式的檢核清單，把作業過程拆分成非常小的步驟，列出每一個項目細節。相對之下，項目非常多，清單變得很長，但檢查打勾時不需要多餘的思考，單純好用。

相對的，日本的檢核清單，每一個項目包含了多項步驟。一個項目中甚至包含「這個部分已完成，但接下來還未完成」的狀況，必須進一步思考才行，因此運用較為不便。

我在美國使用的檢核清單是核能發電廠的測試運轉程序，所以因而製作得更

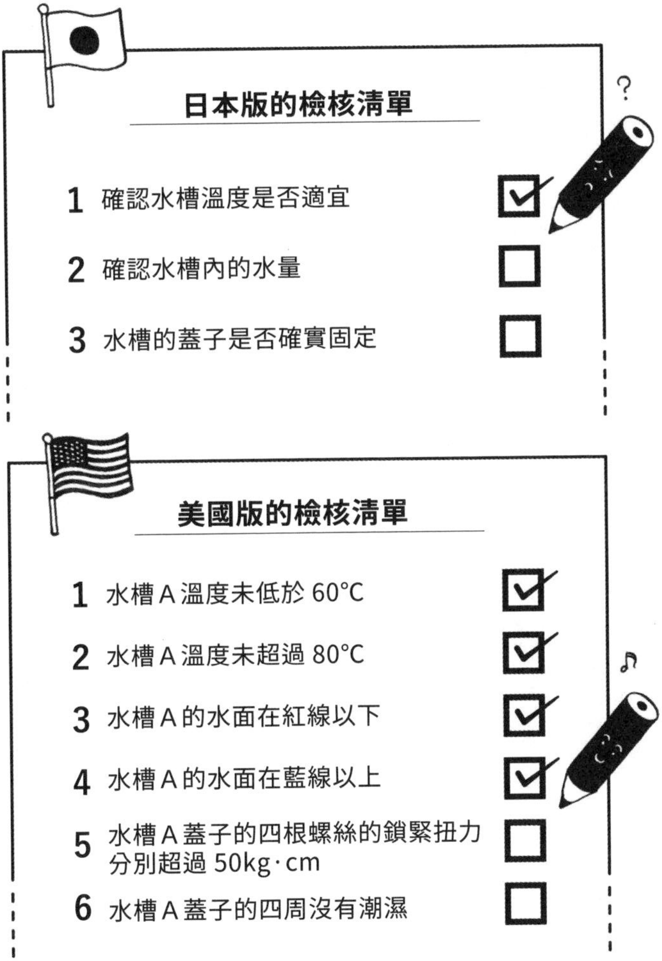
日本版的檢核清單
1 確認水槽溫度是否適宜
2 確認水槽內的水量
3 水槽的蓋子是否確實固定
美國版的檢核清單
1 水槽 A 溫度未低於 60°C
2 水槽 A 溫度未超過 80°C
3 水槽 A 的水面在紅線以下
4 水槽 A 的水面在藍線以上
5 水槽 A 蓋子的四根螺絲的鎖緊扭力分別超過 50kg·cm
6 水槽 A 蓋子的四周沒有潮濕

任何人都能輕易確認檢查，才是「良好的檢核清單」

為仔細。即便如此，在製作上仍是較為明白易懂、不易出錯。

既然原本就是為了程序避免出錯而使用，我認為日本的檢核清單應該仿照美國，老老實實地**一個作業就列一個檢核項目比較好**。

這時若是有兩種以上的作業方式，決定採用其中一種，訂出一種程序是關鍵（六十三頁）。絕對要避免造成邊對照檢核清單邊作業者混淆的寫法。

任何人都能輕易確認檢查的才是「良好的檢核清單」

雙重檢核的本質並不是「做兩次相同的確認」

檢核清單確實對於防止程序錯誤或疏漏很有效。但是，若是沒有準確地使用，效果便大打折扣。

以前曾有一次為醫療關係人士演講時，被問到這麼一個問題。

「因為降低失誤非常重要，所以我們製作了檢核清單，必定進行雙重檢核。我想請教講師這種做法的效果。」

我不假思索地回答：「這麼做的效果不如預期對吧？」

為什麼我會這麼認為呢？

當然，我並不是指檢核清單沒有效果。那家醫療機構的做法，是由 A 先做一次檢查，接著由 B 重複進行一次檢查。我指的是這樣的做法，效果相當有限。

人類具有人性的特質。

比方說我們的社會中存在「容易發生交通事故的道路」。那是因為人類本身具有的共通特質，因此產生方向盤操控失誤，或速度感遲鈍等問題，以致發生交通事故。

相同的，**工作上也會有某個人容易看漏的盲點，下一個人同樣容易看漏**。更何況，相同的職場相同職務的人進行檢核，所以 A 會看漏的地方，B 看漏的可能性也很高。

在這樣的情況下，確實做好現場的檢證，A 和 B 使用不同的檢核清單來做檢核，是最理想的狀況。

但是，為了完成一件事而製作兩種不同的檢核清單，效率非常差，很可能搞得辦公室到處都是檢核清單。

因此不要多費一層手續又能達到效果的做法，就是**第二個檢核人員，把檢核清單倒過來，反向來進行檢核**。

檢核清單上下顛倒的結果，當然變得比較不容易閱讀，可能要多花一點時間。

不過，**僅僅是改變方向，第二個人發現第一個人看漏了，或是錯覺而產生錯誤的可能性，就能大為增高**。

事實上，居酒屋為了避免結錯帳而倒過來計算也是常用的手法。使用傳統帳單計算帳目時，先從上往下依序計算，驗算時再從下往上累加。

雙重檢核應當不是和第一次的檢核重複相同的動作，而是改變方法或觀看視野再來進行。

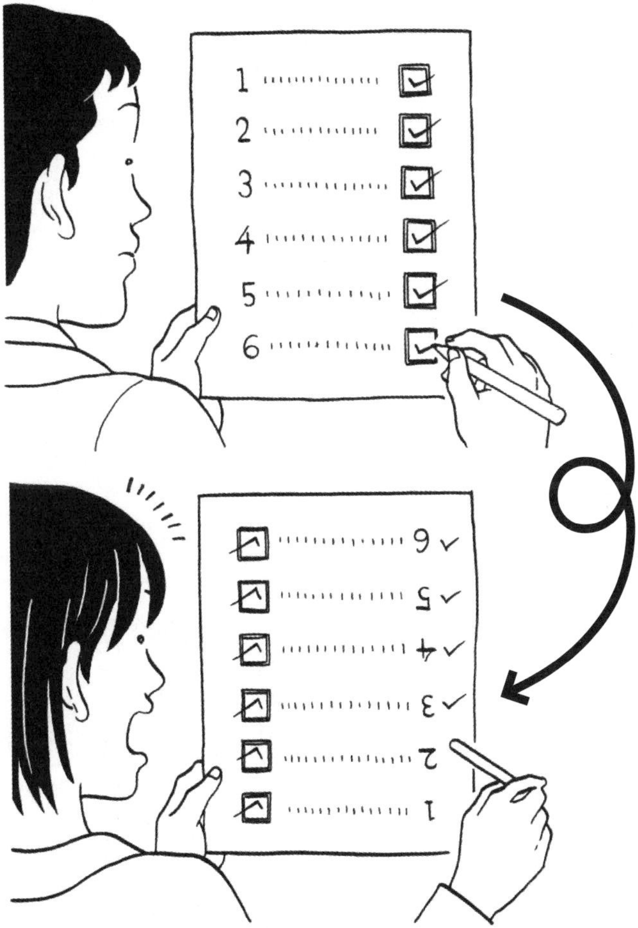

第二個人把檢核清單顛倒過來檢查

狀態改變「觀看視野」自然就能改變

以前我在某家日本企業的美國法人公司上班時，曾遇過某位會計人員採取十分厲害的雙重檢核方式。他所採用的是附有列印功能的計算機來進行確認。一開始的計算是邊輸入數字邊打在紙上，然後驗算時再將列印在紙上的數字，和手上的數字核對。

這個做法就不是單純改變看的方式，而是**改變所要確認的事物本身狀態，再進行雙重檢核，因此就更能提高準確度**。

因此我也買了稍大的列印計算機，使用這個做法後，數字的錯誤率大減，至今我仍十分愛惜這部計算機。

真正有效的雙重檢核該怎麼做？

像這樣「**改變觀看方式**」、「**改變狀態**」來鏟除失誤的方式，也可以運用在檢核清單以外的事項。

行政作業中常會有需要輸入 Excel 之類的表格。這項作業通常以同樣的形狀的方格（儲存格）依序來輸入數字，世上恐怕再也沒有比這項作業更令人眼花撩亂的單調作業。

這樣的作業，就經常需要雙重檢核。

比方說兩人共同作業的情況下，可以由 A 來唸原稿，B 來輸入；雙重檢核時由 B 唸自己輸入的內容，由 A 對照原稿，這麼做能有較高的機率發現錯誤。

那麼，遇到只能一個人單獨作業時該怎麼做呢？

首先較簡單的方法和前面到的檢核清單的想法相同，檢查時改變有別於輸入時的方向。**如果是由上而下輸入，檢查時就由下而上檢查**，這麼做對於鏟除失誤非常有效。

雙重檢核的效果膨脹數倍的小技巧

另外還有一個建議。

如果是輸入數字，全部輸入完畢後，不妨把它作成折線圖。如果使用Excel，只需兩、三個步驟就能輕易作出折線圖。

也許有人會認為「為什麼需要特地製成沒有意義的折線圖呢？」

不過，**當以折線圖來呈現視覺效果時，可以更快輕易發現光看數字時不容易察覺的錯誤**。

比方說你的資料是每月的經費支出狀況，如果出現太過突出的數字時，折線圖的形狀就會產生巨大的改變，即使看一排數字毫無異樣，當折線圖的形狀有巨大改變時，應該也會覺得「怪怪的」不是嗎？這個做法應當可以防範位數錯誤等「離譜的錯誤」。

另外，和其他月份的折線圖表對照看看，若是形狀有很大的差異，也是「可能有錯誤」的一種提醒。

使用清單檢核的作業，輸入資料等單調的工作，稍微改變一下形式的雙重檢核，就能減少失誤並提升工作效率。

Action ❷

改變檢核者。改變檢核方式。改變檢核角度。

——雙重檢核的三原則

3

運用「便利貼＋待辦清單」擊退不經意的失誤！

不要給大腦添加負擔，不忘記小事的訣竅

不論任何工作，都很容易犯下「不經意的失誤」。

- 弄錯非出席不可的會議時間，被提醒後發現，卻已遲到了十分鐘。
- 完全忘了被交辦的事務工作，只好匆匆忙忙地進行。

當每天過得忙碌時，偶爾是否會有類似的狀況發生呢？又或者是——

- 家人託你下班後在車站前的超市買牛乳回家，卻在回到家時才想起來。

類似這樣，日常生活當中很容易發生這些「不經意的失誤」。

人類的大腦能夠確實專注在「一定要努力才行的事情」，或是「嶄新的

挑戰」，**相對的就會從活動領域中排擠掉「沒什麼大不了的事」、「輕易就能做到的事」**。因此，就會發生「經對方一說才想起來」、「忘得一乾二淨」等狀態。

我們「不小心的遺忘」，可以說是腦袋正常運作的證據。

像這樣「不小心的遺忘」，雖然分別只是一件小事，卻不能置之不理。讓對方等待的緣故，很可能因為焦慮而引起新的疏失。受委託的事情一再遺忘，很可能**成為破壞與對方信賴關係的導火線**。

話雖這麼說，如果大大小小的事，比方說，下班先去買牛奶再回家這件事，從早到晚一直反覆記掛在腦子裡，也白白浪費了大腦的功能。

「沒什麼大不了的事」就乾脆趕出腦袋

這種情況下，有效的做法是「便條紙（便利貼）」和「待辦清單」（TO DO LIST）。

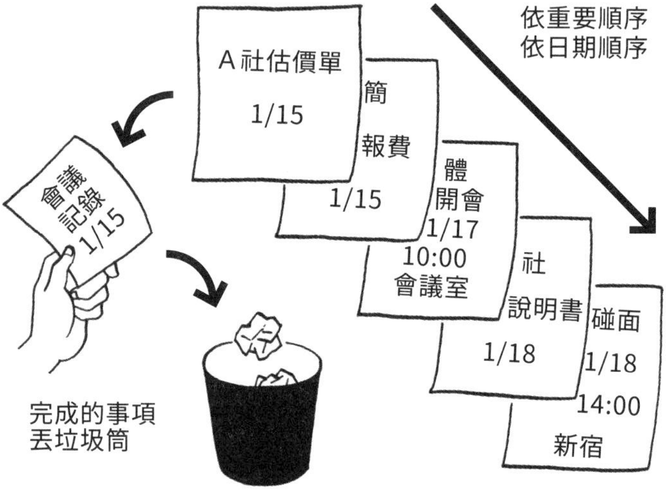

使用方法很簡單，現在無法立刻，或是芝麻小事全寫在便利貼上。一張便利貼只寫一件事。

寫便利貼時，重要的事情，以及日期較接近的事情在上面，重疊貼好。

如果預定三天後要開會，就寫上時間、地點和會議的主旨，貼在兩天後要做的便利貼後面。

如果有決定日期必須交出的文件，寫上文件名稱與日期，先放進當天的待辦清單。

這麼一來就能完成**「重**

要事項」、「立即應辦的事項」列在最上面，不會有重疊的「待辦清單」。

然後再將處理完畢的事項撕下來丟掉，移到隔天做的事項重新貼在隔天的待辦清單位置；你可以因應需求，把一整天要做的事項排好再貼上去，或是因應重要性的先後順序來貼。

非做不可卻一直提不起勁去完成的事項，就會一直留在待辦清單中，並給自己帶來壓力；最後將迫使自己面對，即使無可奈何也只好動手去做。

當最後終於完成工作，把便利貼揉成一團丟進垃圾筒的心情，比其他任何事都來得暢快。

現在，使用 APP 等工具就能輕鬆透過網路管理待辦事項。這些工具雖然也很方便，但我還沒找到能帶來「揉成一團丟掉」這種暢快感的工具。在現代反而建議使用便利貼的理由，正是因為這種完成工作的暢快感。

「菜鳥才需要使用待辦事項清單」，帶著這種成見的人，反而會耗費多餘的腦部活動區域。

正因為是「沒什麼大不了的事情」，更應該趕出你的腦海，專注在你當下應該做的事情上面。

Action ❸

恢復基本習慣，建立待辦事項清單。

4

推薦真正厲害的「新操作手冊」

你是否被「正確卻差勁的操作手冊」束縛住了呢？

「操作手冊」這個詞，似乎多數都使用在負面的意義。例如，形容一板一眼的人是「操作手冊」，或形容某些做法僵化，有如照抄「操作手冊」，意味著「墨守成規、不知變通」的負面批評。

但是，**讓各種不同作業變得有效率，在我們處理的資訊量大增的現代，熟稔「操作手冊」有其必要性**。

而且，考慮到和過去相較之下，換跑道的人增多，只要參照操作手冊就能以正確的程序進行操作，今後應當愈來愈重要。

為什麼不該追求「完整性」？

操作手冊的什麼地方有問題呢？那就是**這個社會上有「好的操作手冊」和「差勁的操作手冊」**。

差勁的操作手冊，說明白點，就是「不容易看懂的操作手冊」。從使用操作手冊者的立場來看，**愈拘泥完整性的操作手冊，就愈差勁（＝不容易操作）**。

比方說，有某份操作手冊寫著紅、白、黃、黑四條電線連接的順序。假設手冊上寫著「連接四條電線。紅色電線請接在白色電線之後，黃色電線接在黑色之後。黑色與白色哪個先，都沒關係。」

你對於這樣的說明有什麼想法？不論內容有多完整正確，要解開答案都不太容易不是嗎？結果可能導致弄錯連接的順序，或是覺得麻煩乾脆不看操作手冊。失誤正是因此而發生。

那麼，假設操作手冊寫著「把四條電線依照黑、白、黃、紅的順序連接起來」。你覺得呢？

操作手冊的目的，並不是為了讓使用者了解整體結構。而是花費最少的心力，讓任何人都能依循正確的程序做對。

四條電線的接續，不論是「白↓紅↓黑↓黃」，或「黑↓黃↓白↓紅」的順序都沒關係。因此第二個寫法不能說「一〇〇％正確」，但是照這個說明，任何人都能毫不猶豫地把電線接好。這才是最重要的。

即使說明不夠完整，只要照著做就能完成，從使用者的角度來看才是「好的操作手冊」。操作手冊並不是技術解說指南，內容錯誤當然會造成麻煩，卻不需要講求完整性。

如果你看了操作手冊卻依然失敗，或是產生什麼疑惑，那份手冊就是「差勁的操作手冊」。

為了防範失敗，就一定要編輯、修改。也就是說，**不論任何操作手冊，最低限度都必須立即修訂才行**。

並且，為了避免操作手冊修改方向錯誤，有必要記錄是在什麼時候，由什麼人進行修訂。

使用操作手冊消弭工程管理的失誤

製作操作手冊基本上是為了分享資訊，不過，我**建議你不妨把工作製作成操作手冊**。

當然這並不是為了要告訴任何人，而是進行自身的工作管理。

比方說，若是管理某個生產線，首先應該從什麼地方著手、聯絡什麼人、向什麼人報告、做哪些準備工作等，都建立成操作手冊。

這麼一來，不僅該怎麼做才能沒有失誤地管理生產線能夠視覺化，應當也能因此發現「雖然正確卻不容易了解」的程序。就結果而言，**能把成本及勞力抑制到最低，實現沒有多餘作業也沒有失誤的工作**。

工作上「正確卻不容易了解」，通常就是容易發生失敗的程序。

只要把這個部分，調整為「雖然沒有完全寫出正確的方法，但一目瞭然」

的狀態。除了工程管理，能夠看清整體輪廓的工作失誤就能一口氣減少。

「擺脫制式操作化」的未來趨勢？

近年來，不使用操作手冊的結構有逐漸取代傳統操作手冊的趨勢。就像手機一開始的啟用設定，使用者只需依照導引操作，就能一下子完成所有設定。這可以說是避免失敗的最佳方法。

因為這是把操作手冊作為結構取回主導權，使用者不會誤用多餘的程序。

不僅是家電產品的設定，工作或日常生活中的所有操作手冊也採取這樣的結構，個人不再需要依循操作手冊，在鏟除失誤來說是最理想的。不過，我們所處理的相關機械，還未到達這個境界，所以還不能說完全實現。

但至少，不妨把生活周遭的事項試著「制式化」，減少不必要的浪費。

Action ❹

試著把日常工作「制式化」！

5 所有失誤都有「發生的警訊」

這正是工作幹練、笨拙的分歧點

教授失敗學時，經常會舉出的一個法則，就是「海恩法則」（Heinrich's Law）。意指「每件重大事故的背後，都隱藏著因為相同原因而發生的二十九件輕微災害，而這二十九件災害背後，則隱藏著三百次「有驚無險」的經驗」，亦即「一：二九：三〇〇」的法則。

我在平時的工作上，對於這個法則，則是作如下的解讀。

相同的事情在「有驚無險」時，如果不作任何處理，不論運氣有多好，十次當中將會有一次的比例，發生輕微的災害。以機率來說，第五次釀成災害的可能性較高，但萬一運氣不好的話，可能在兩、三次「有驚無險」之後，接下來就會出事，這就是二九：三〇〇的部分。

這時**若是對輕微災害置之不理，不論運氣多好，三十次下來，就會發展成重大事故**。一般而言，可能反覆發生個十五次左右，就會發生重大事故。

沒錯，不論是「有驚無險」，還是「輕微災害」，只要一發生，就應當迅速採取有效的對策。

正因為是「有驚無險」，才是預防重大疏失的王牌

發生「有驚無險」或「輕微災害」時，一提到有效的解決對策，許多人的回答總是——

「我們會徹底宣導。」

「我們會加強教育。」

「我們將加強管理。」

徹底宣導、教育訓練、加強管理，都是塑造「將積極採取因應對策」氣氛時，

相當方便的說詞。每當企業發生什麼醜聞時，在記者會上總是頻繁出現這種說法。

然而，這三項在失敗學當中，則歸類在「三大無策」。**形同什麼都沒做**。進一步想想看，如果徹底宣導或教育訓練有效，不就等於表示「現場工作人員無知」才導致意外的發生。但實際上應當不是。如果「加強管理」有效，則等於表示「工作人員打混，偷懶；所以我們會改進」，聽起來豈不是很像在逃避責任嗎？

何況，就如何我在第一章說過的，人類是無法持續專注力的動物。因此，如果有必須仰賴專注力的程序，那麼，不改善程序本身的缺陷，不論「有驚無險」或「輕微災害」，「重大事故或失敗」也都不會消失。

對「有驚無險」疏失的有效防備方法？

發生「有驚無險」的疏失，或是「輕微失誤」時，千萬不要因而放心，認為「幸好只是這種程度的失誤，好險」。

一定要徹底思考該怎麼做，才能不再「有驚無險」，如何防止發生「輕微災害」。

當然，究竟發生什麼樣「有驚無險」的疏失，因應對策也會不同；但概括來說，**「鏟除失敗或失誤的訣竅」，實際上不光是失敗發生的時候，似乎要發生什麼失敗的狀況，也應該使用**。

本書介紹的因應失誤對策，也可以作為防範失誤發生的準備。不僅是因應已發生的失敗之對策，也希望能作為防範今後有可能發生的失敗之觀點來看。

Action ❺
提高「常見失誤」或「輕微失誤」的警覺性

第3章

「最少、最簡、最有效率」的防範疏失工作法

うっかりを防ぐ「最小・最短・効率」仕事術

6

徹底確認必要的最底限

只要這麼做，就能控制住一切

平時外出，我隨身幾乎不攜帶任何物品。乍看之下似乎「兩手空空」。我之所以帶極少的東西出門是有原因的。

這是我經歷了數次「某種失敗」的結果，所以我得到的結論是盡可能不要隨身攜帶太多物品。

我所經歷的失敗，是「該帶而忘了帶」，或者「帶出門卻遺失」。

小東西如打火機、筆，讀到一半的書，還有毛線衣，甚至也有事後懊惱「為什麼會弄丟那個東西」的情況。

有一次，神田警察署打電話到大學，我不慎把放有學生成績單的信封，遺落在公廁忘了帶走，被某個好心人士送到警察署。當時因為信封上有學校名稱和我的名字，所以還可以放心。值得慶幸的是當時仍是太平盛世，若是現在發生同樣的狀況，很可能會演變成大問題。

像我這樣失而復得還能拿來當笑話講，已經很幸運了。據說以前曾有人發生把企業機密遺落在電車裡，導致洩漏個人情報而釀出大禍。「遺失東西」、「忘了東西」比想像中可能引發重大失敗的導火線。

隨身攜帶的物品＝非管理不可的物品

我這個「幾乎不隨身攜帶任何東西」的習慣，追溯起來或許是源自於高中時代。

日本學校通常有分配給個人的「置物櫃」，平時經常丟三落四的我，總是把教科書全放進置物櫃。遇到老師出作業時，只要在學校寫完就不必帶回家。

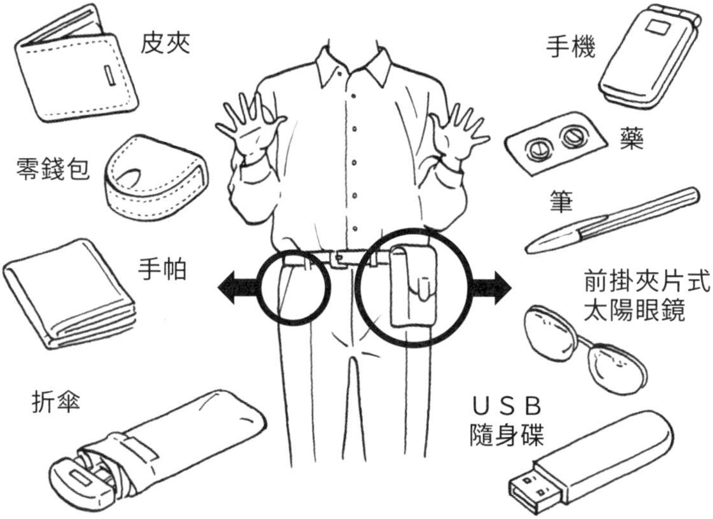

因爲「不帶公事包」，所以不會遺失東西

萬一遇到怎麼也寫不完時，就裁下需要的頁面帶回家。

我「不隨身帶東西」就是做得這麼徹底。

現在則是更進一步在工作上「騰出雙手」出門。手機及當天的藥品、筆；前掛夾片式太陽眼鏡和USB隨身碟收在腰包裡面，口袋放著皮夾、零錢包、手帕、折疊傘。出門時就只帶著這些物品。

褲子變得很重是一個缺

點，但絕對不需要擔心物品忘記帶走。

比較麻煩的是外出時遇到對方給我什麼文件時，我會一心記掛著，盡量不遶到其他地方，盡可能直接把文件帶回辦公室。

我並非要求你和我一樣做到兩手空空出門。而是請你務必**思考看看，「對你而言，最低限度隨身需要帶的是哪些物品」**。

這麼一來，只要能自我管理帶最少的物品出門，就應該能避免遺失物品或忘了把東西帶回。

Action ❻

試著在明天出門時，盡可能把隨身物品減少到「只帶必要的東西」。

7 強記者和健忘者之間的「最大差異」

逐一改變習慣的方法

你是否有過這樣的經驗？明明心想「絕對要記住，不能忘掉」，卻在最要緊的時候忘得一乾二淨，

我常有這樣的經驗，比方說——

- 為了演講而準備筆記型電腦，卻忘了帶筆電變壓器，連忙買來補齊。
- 準備好要給與會人員的資料，卻忘了帶。

類似狀況層出不窮。

因為這個緣故，導致家裡多了好幾個筆電變壓器，雖然這麼一來，外出時不需要特地從插座拔出變壓器，但仍然沒有克服重要物品忘記帶的難題。

為了避免一再重複「令人沮喪的失敗」，這時就要想想失敗學的問題解決方法。簡單來說，就是**「建立不要忘了重要物品的機關」**。這一節要說的並不是借用資訊科技的力量寫電腦程式，或是使用 APP 等這類比較困難的方式。

設計「沒帶就出不了門」的機關

我個人之所以犯這一類的錯誤，通常是因為起床比預定的時間慢，匆匆忙忙出門的後果，因此我便決定重要的物品前一天晚上就放進公事包，如果不帶公事包的話就放在玄關。

這麼一來，忘記的次數的確減少了，但仍然沒有達到「根除」的程度。明明就放在玄關，卻視若無睹地直接出門，講起來實在可笑的失敗。

因此我又再次思考。為什麼會忘記放在玄關的東西呢？那是因為就算不帶也出得了門。因此接下來我採取的對策，是把重要的物品放進早上要穿的鞋子裡面。如果是較大的東西就放在鞋子上，雖然鞋子多少會變形，但一想到重要的物品忘了帶會有多大的困擾，就顧不了那麼多了。

在每天必做的習慣中努力

另外一個例子，是我在每天必要的物品擬定其他對策。對我而言，「每天必要的物品」，就是現代文明病的藥物。

如今，我超過五十歲，每餐前都必須服用兩顆藥。這個藥帶給我困擾。外出時，經常會忘了隨身攜帶。

一開始，我是直接隨身帶著藥局給我的一整排藥錠。不過，對於沒帶公事包的我來說，太大了。而且，吃完一整排後，常常會忘了補充新的一排。因此我決定採取其他辦法。

我準備了較小的藥盒，一次只帶三天份。這麼一來，隨身攜帶的所占的空間確實變小了，卻又變成三天份的藥吃完後，常常忘了補充。

因此，我想到的新方法是「每天早上只放一天份的藥隨身攜帶」。

也許有人會覺得補充的次數增加，忘記的次數應當也會增加。其實相反，因為變成每天早上要做的事，就和每天刷牙洗臉一樣，幾乎完全根除忘記帶藥的毛病。

這時的重點是，不要因為嫌麻煩就一次放入兩天份。間隔一天的習慣當然容易忘記，總之重要的是**「每天」**把藥放入藥盒。**養成習慣後，就不再需要擔心了。**

「不失敗」能「結構化」

以上介紹的是我個人把「忘記必要物品」的失敗，轉變為如何透過習慣來消除遺忘的方法。

我相信每個人所感到困擾的事情都不盡相同。有人可能像我一樣為了「健忘」而煩惱，可能也有人正為了約定的時間「總是遲到」而困擾。

這時候，請你務必設法建立「不容易讓問題發生的結構」。就失敗學的方式回顧檢討看看，「為什麼會發生這樣的失敗？」

只不過，為了防範失敗而把「檢核清單」（四十二頁）運用在每天的生活當中就大錯特錯了。工作事項或許能一一檢核打勾來確認。但日常生活事項可能會有好幾件事併入同一個項目，因此這麼做就已經造成失敗的源頭。

「我原本打算列進去的」、「我還以為已經確認好了」這樣的狀況很可能會發生。

Action 7

把以往的習慣改變成完全不會失敗的做法。

8

提升速度就能減少疏失

真正有效的以「最短時間」為目標

七十四頁中我談到有關「確認必要隨身物品的最底限」，這裡說的「以最少為目標」，並不僅限於隨身物品。

我對於**時間、勞力、成本等一切層面，都盡量去注意維持在「最少」程度**。

了解事物的最小單位，就能掌握核心

今天這一整天，無論如何一定得做、必要的最底限是什麼？

這個計畫的必要最底限——也就是缺了什麼這個計畫就無法成案的是什麼？

為了把成本壓低到最少，應該做的事情是什麼？

使用最少的時間能得到的成果是什麼？

要徹底確認這些事項，就是**釐清出工作的本質，徹底了解優先順序**。把瑣碎不重要的事挪到後面再思考，盡可能**先專注在真正重要的事項**。

了解事物的最小程度，就能提升效率

比方說，我所經營的NPO法人「失敗學會」，把成本控制到最少就是我們重視的課題。這裡談的成本，不僅是金錢，也包括了人力。

二〇〇二年成立，現在會員人數與當年不可同日而語，但是我們營運的成本和成立當初幾乎沒什麼改變，實質上是以〇・五人的程度在運作。

成立之際，由優秀的程式設計師協助我們把會員管理、活動指引、甚至股東大會的投票系統、會員服務及行政作業等，凡是想到的事項都寫成程式選項運作，多虧這個緣故讓人工作業降到最低。多數程序都能以半自動的方式進行。

並且，就如我在第一章說的，只有人類才會出錯。反過來說，幾乎與人無關的事項，在失敗學會中極少發生失誤，就算萬一發生失誤，也會立即進行驗證及改善，「究竟做法應如何改變，才能不犯同樣的錯誤呢？」

因此，我們能更進一步成為沒有失誤的組織。

了解事物的最小限度，時間更能運用自如

有關勞力和成本，希望各位能重新認知到一個事實。

過去一般的概念是「以勞力降低成本」。比方說把原稿交由印刷廠付印，成本可能較高，所以改由使用影印機自行複印，費用就相對大減。

但是，近年來不適用這條規則的狀況逐漸增加。

以銀行轉帳來說，網路銀行一天二十四小時，不論任何時候都能運用，手續費大約兩百日圓；親自到銀行櫃台辦理的話，只限在九點到下午三點，手續費大約五百日圓，而且還得加上來回所花費的工時。

沒錯，**「麻煩的事親自動手就能減少成本」的觀念，現在只是一種錯覺**。

同時，把「加班和長時間勞動視為美德」的時代，也早就過去了。一個商業人士在工作上能花費的時間有限，這麼一想，**企圖以勞力的手段來削減成本，很可能適得其反**。

在國際會議等場合中，常會預測「一百年後的世界將會變成什麼光景」這個有趣的話題。比方說「美國將會因為訴訟破產而滅亡」。根據這個說法，「日本因為程序過度煩雜而在成本競爭中敗下陣來」，我覺得這是對日本非常了解的人所開的玩笑。

「要怎麼做，才能把成本和時間抑制到最小的程度呢？」

思考這個課題，是傾注全力在真正重要的事項，一個重要的過程。退一步來說，專注於重要的事項，也是防止失誤及失敗是的有效方法。

請你務必藉這個機會，重新檢視那些漫不經心「人工作業的程序」及「勞力」。

Action❽

把成本壓到最低，失誤也能降到最少。

全心全力專注在過程中看到「真正重要的事情」。

9

守住共同建立之信用的訣竅

以共享的行事曆，妥善安排行程不撞期

在日復一日的工作中，我最擔心出差錯的，其實是「行程撞期」。不需要多解釋，也就是在兩個不同的地方，和別人有約。

「要是有一個我的複製人就好了」我腦中瞬間閃過這個荒謬的念頭，但想這個也沒用，只能立下判斷哪一邊可以變更日期，要是日期都無法變更，只好取消某一邊，向對方道歉再道歉。

我之所以這麼擔心「日程撞期」，是因為不論變更日期或取消，都會給對方帶來莫大的困擾。

何況，衡量兩家的邀約然後取消其中一方，我在取消的一方心中，信用將一落千丈。**商場上一旦信用下滑，要再恢復必須耗費十倍以上的心力**，日程撞期當然是很嚴重的問題。

我就像自營業般同時兼任了幾份工作，因此最近便以雲端來管理日程表，和身邊的人（工作夥伴或行政負責人員）分享。

這麼一來，就算外出時插入臨時行程，也立刻在行事曆上更新，讓所有成員都能看到。預定計畫的變更也更容易，不需要一一使用電話或簡訊通知。不再發生原本想著「等一下聯絡」，後來卻因為熱衷在什麼有趣的事情上，忘記聯絡的失敗狀況。

我所使用的是自行設計的行程管理工具，就算只是簡易的功能型手機**註1**，使用也很方便，不論是會議或聚餐的預定、診所定期檢查、護照或駕照更換新期限等，所有預定行程全上傳到行事曆中，我把它分為私人行程和公開行程，並

註1 單純提供通話、上網等基本功能的手機。

且依循四十二頁介紹的「資料保存在一個場所」的原則。

另外，養成和工作同伴分享行事曆的習慣之後，如果有必要和工作夥伴緊急開會商討時，也能立即安排。

愈忙碌的人，愈要防止日程撞期，建議採取分享行事曆的方式。

Action 9

和工作夥伴共享行事曆。

10 停止完全依賴記憶力

記錯、一時想不起來……經常失敗或出包者意外的共同點

不論工作或私事，能夠線上申請或辦理的事項愈來愈多。比方說不僅在外的活動或旅遊申請，經費計算或資訊的閱覽等，都能透過線上程序來申辦。

這省去了一一約定見面的時間、親自跑一趟的工夫，除了更節省時間，手續也更簡單方便。不過，相對的也有缺點，那就是即使經常使用的申請手續，也得從表單中一一選擇，照著每個步驟去做才行。

尤其像我這樣幾乎每天都要確認各種不同公司、組織，確認各個網站資訊的人，要一一記住不同的程序也是一件苦差事。

雖然是為了所有人而設計的首頁，但這種針對一般對象都可使用的首頁，訊息量太大了。因此總是會忘記想找的頁面究竟在哪裡，必須一一搜尋才能找到。

因為是針對一般大眾而設計，當然是折衷多數人的需求而設計。並不是為了個人常使用的功能或資訊，簡明易懂的配置。

把「大眾需求」轉變為「個人需求」

遇到這種情況，不妨建立符合個人需求的首頁。最簡易的方式就是利用網路的書籤功能，把經常連結的網頁整理並存在雲端。

運用 Google 等瀏覽器，可以建立自己的帳號，只要登入帳號，不論在哪裡都能直接連上所建立的書籤，不論在家、在公司或飯店的電腦，都不成問題。

如果不喜歡工作及私人領域使用同一個帳號，也可以分別建立。以 Google 來說，一個人可以申請多個帳號。

只要像這樣把每天早上必須確認的資訊，「歸納在同一個位置」，建立成書籤，就能防止忘記確認。

只需幾分鐘就能簡單完成的技巧，還沒這麼做的人，建議務必一試。

Action ⑩

把必須以腦袋記憶的事項限縮到最少。

Column

全球精英重視的「基本功」

如果想進一步方便連結常使用的網頁時，不妨建立自己的首頁。

方法很簡單，就是使用HTML。

以下的圖解只是簡易範例，不需要學習困難的程式；你只需要使用WordPad先編輯好資料，然後存檔就可以了。

遇到想記住的連結，使用「<a href=>」然後把網址直接複製在後面（範例使用的是Google、Bunkyosha、Shippai-gakkai），WordPad只要副檔名以「.html」來存檔，

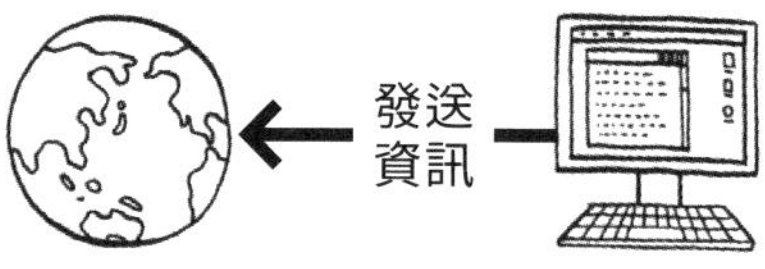


```
<html>
<head>
</head>
<body>
<a href=http://www.google.co.jp/>Google</a><br>
<a href=http://www.bunkyosha.com/>Bunkyosha</a><br>
<a href=http://www.shippai.org/>Shippai-gakkai</a><br>
</body>
</html>
```

點擊兩下就能立刻連結。

建立這個專屬的網頁超連結，並不僅是「製作一個立刻連結的網頁」。了解為全世界帶來資訊革命的網路基本結構，能讓你更深刻體會資訊發布的基礎是怎麼一回事。

能夠體會基礎概念後，之後再求更一步就不會太困難。不論是想配色、製表、以日文表達，或是加入圖片等，依據每一次想做的效果，透過網路搜尋，就能得到很多答案。又或是看到「想做成這樣的網頁」，只要點一下右鍵，選擇「檢視原始碼」，然後整個複製下來再進行修改，就能改變成自己想要的樣子。

之所以推薦給各位這樣「麻煩的做法」，是有原因的。在美國史丹佛大學的設計系，要求一般學生，使用 HTML 在網路上發表成果是很基本的。也就是自行學習如何以 HTML 發表，才接受交出的學業報告。

另外，我在美國成立事務所時，有個在我那裡打工的學生後來進入

Google，她被市場行銷部錄用，幾個月後再碰面，她已徹底學會從頭至尾自行寫HTML。雖然她的工作並不需要直接寫HTML，但為了市場行銷必須學習這個資訊發布工具。

了解網路的基礎，無疑是跨入世界最前端的最低門檻。日本人習慣動不動就委任專家或發包，因此業務效率化才會停滯不前。

製作自己專用的首頁，以工作效率化作為目標的同時，睜大眼睛看清楚競爭力，先從自行建立HTML，跨出今後在生存競爭中的重要學習起步。

第4章

能管控電子郵件者，才能管控業務

メールを制する者が、ビジネスを制する

11

預定行程管理、備忘、體貼對方……電子郵件功能果然不容小覷

重新學習「如何聰明使用電子郵件」

現代商務人士現在幾乎無人不用，全球普及的「電子郵件」。任何人都能運用的這項工具，擴大運用範圍時，也能用來防範各式各樣的失誤。

以電子郵件作為行程管理工具

八十八頁提到以共用的行事曆來管理行程，我使用的行事曆因為是自行開發，所以能任意追加想要的功能。

因此，大約十年前我所追加的是「郵件提醒功能」。當預定行程接近時，

系統自動發送提醒郵件到事先登錄的信箱，這麼一來就非常方便。電腦和手機都設定可以接收郵件，所以就算外出也能收到通知。

在這之前數不清有多少次，我時常直到收到手機預定三十分前設定的提醒通知，才匆匆忙忙出發。

現在Google行事曆等網路工具也增加提醒功能，**只要加入預定行程時設定好，就會有提醒通知**。其他也開發愈來愈方便的工具，各位不妨試試有利於行程管理的工具。

當作備忘錄使用

另外，電子郵件當作備忘錄工具也很方便。不限外出，有時談話中途也會遇到對方委託一些事情，這時候可以把受委託的事項寄到自己的郵件。

這麼一來，下次打開收件匣時，看到「未讀郵件」就能立即回想起來。

記憶裝置與對他人的體貼

不久前，還有人嘲諷電子郵件的普及，認為發電子郵件給座位在旁邊的人很愚蠢。但現在，至少我的身邊已經沒有人抱著這樣的想法。**要讓生意進行得更順利，連座位在旁邊的人也照發電子郵件，已被視作重要的一件事。**

就算坐在旁邊的人也照發電子郵件，其中一個重要的理由是對於他人的體貼。就算對方看起來似乎在發呆，搞不好他正在思考某件重要的事，要一一忖度什麼時候才是攀談的適當時機，需要花費心力，其實也相當累人。

輕鬆地說一句「就是現在吧！[註1]」當然簡單，但現實當中也有「現在」並不適合的時刻。依自己方便的時機寄信給對方，至於對方什麼時候回應則交由對方視情況而定。我認為就這一點而言，電子郵件是體貼對方的工具。

另外還有一點，電子郵件與人類記憶不同，不會動搖。電子郵件能留下「當時說了這些內容」的書面證據。對於指示曖昧不明，或指示容易動搖的人，能夠立即顯現效果。

當對方做出指示，而你覺得有可能更改時，不妨提出要求「抱歉，確認一下您剛剛的指示」，然後打成郵件，盡可能態度謙虛，表現出「因為不太明白，請您指點」的氣氛。

有關記憶的動搖，**進行牽涉到瑣碎的數字或契約內容時，也應該以電子郵件洽談**。

因為內容敏感，所以人們有時會希望能當面，或至少能以電話接洽，但愈是這一類的狀況，日後愈容易發生需要回顧當時的經緯。屆時即使所有參與者努力挖掘自己的記憶，「我記得當時是這麼說的……」也難以確認真相，因為很可能大家都只記得對自己有利的狀況。

註 1 日本某個補習班二〇一三年廣告中的一句「何時開始做？就是現在吧！」而爆紅，並獲選爲當年度流行語大賞的流行語。

倘若有以電子郵件無法表達語感時，不妨在當面或電話洽談後，把內容打在郵件中，「當作備忘錄」，由雙方共同保留不是比較妥當嗎？

Action ⑪

把電子郵件作爲對自己及他人的記錄、管理工具來運用。

12

工作效率高的人都擅長整理、管理電子郵件

電子郵件的管理能力就是工作能力的表徵

上一節說明了電子郵件的便利性。

不過，頻繁使用電子郵件也有一個陷阱。

「無法立刻找到需要的郵件。」

「外出時以手機看過郵件，本來打算之後再回覆卻忘了。」

「弄錯寄件對象。」

「忘了附加檔案。」

這些因為電子郵件而產生的疏失層出不窮。所以在這裡分享一個我個人的電子郵件管理方式。因為我會從最基礎的開始說明，我想你只需挑重點部分來讀就可以了。

這一節，首先從如何管理日漸膨脹的收件匣開始說起。

收件匣不囤積信件

電子郵件會先寄到收件匣，**只要讀完這些郵件，原則上就立刻歸類到資料夾**。和自己沒有直接關係，重要性低的郵件，直接歸類到同一個資料夾就可以了。

其次，建立資料夾的方式，採取資料夾裡再分資料夾的結構。以我來說，近年來一天大約會收到五十到兩百封郵件。我先把郵件以「年」來區分每年不同的郵件，底下再進行大約十五項分類。然後底下再進行二到十個左右的分類。中分類以下有些還有小分類。

首先，以「年」分類的郵件，超過十年以上沒看的資料，燒錄成CD或DVD保存後就從硬碟中刪除。

比方說，和本書寫作有關的郵件，先歸類到「二〇一七年」這個資料夾中的「出版社」大分類，其次是中分類的「文響社」，要是接下來繼續出版幾冊書籍，底下便再建立小分類，或依照書籍名稱來管理。

我是以這樣的方式來管理電子郵件，這個資料夾的分類及處理方式，依據每天經手的郵件數量及信件來往人數而改變，當然，或許有人依據寄件者來分類比較方便。

恪守「郵件不直接囤積在收件匣」的原則，然後想一想對你而言，容易分類的資料夾管理方式。

能立即回覆的郵件就立即回覆

消除電子郵件疏失的第二個重點，就是**能回覆的郵件就立刻回覆**。理由很簡單，若是**沒有立刻回覆而放著不管，下次開啟收件匣時，又要從第一封郵件開始讀，然後回覆，重複做同一件事，我認為是思考及時間的浪費**。

而且，開啟郵件卻沒有回覆的狀態，有時一疏忽可能就忘了回信。如果是應對較麻煩的事情需花時間處理還能得到諒解，明明**可以立刻回覆的信件卻耗費很多時間，就失去被稱為商務人士的資格**。

我為自己定下工作往來的電子郵件只在電腦上過目的原則。實際上我就是因為掌握這個原則，所以更輕易立即回覆。只在電腦上處理工作的郵件，反過來說，就是一看完郵件就能立刻回覆。

使用手機或平版電腦在外面看了郵件，往往會認為「等一下有時間再慢慢回」，但我不會出現這種狀況，所以更容易管理。

但另一方面，可能也有人因為工作需要，必須隨時確認郵件，或是即使外出，一收到郵件就必須馬上確認才能安心的人。如果你屬於這種情況，不妨把握以下的重點。

必須事後處理的郵件，閱讀後仍然標示為未讀

內容較棘手所以無法立即處理，或是外出之際已看過電子郵件卻沒有回覆，

這一類的情況**最好讀過也設定成「未讀」**。

大部分的郵件服務系統的「未讀郵件」都會標示較為明顯，所以標示成未讀，能夠防止「一不小心忘記回信」的狀況。

收件匣的未讀郵件最多只留二十五封

「未讀郵件」因為醒目的關係，如果未讀郵件太多，很容易感到坐立不安。因此，**盡可能讓未讀郵件最多只保留二十五封**。為什麼是「二十五」雖然沒有明確的理由，不過在我個人嘗試的過程中，差不多是不會遺漏應對的數字。

即使不是「二十五」，也可以自行設定容易管理的上限，養成超過上限就立刻處理的習慣吧！

Action ⑫

收到的郵件不要「放著不理」、「讀過不理」、「視若無睹」。

13

你寄出的郵件就是「對方失誤」的導火線？

體貼收件者的郵件寫法、寄件時重點

電子郵件當然不會只有收信，你也會有寄給對方的時候。本節就要說明有關「寄信規則」的訣竅。

回覆全部成員

有關回覆給對方的郵件，原則上應選擇「回覆給所有人」。如果是公司內部檢討其他公司來信的內容另當別論。即使並不認識群組中的成員，也盡量注意「回覆給所有人」。

就算其中包含了陌生的對象，寄件者把那個人包含在群組裡，必然有他的理由，因此如果你回覆時遺漏了收信對象，就可能使收件人還得再多費一次工夫。

內文重複說明主旨

有些人在主旨寫了「●●一事」，內文就直接寫著「有關主旨一事」。但是，內文**重複一次「有關●●一事」是比較好的寫法**。

重要的郵件內容卻在內文省略，使得收件者必須來來回回地確認，多費一道工，看錯或遺漏的可能性就會增加。

信件主題在三行以內表達

電子郵件當然對於表達意思及記錄非常有效，但是，內容不宜過長，這會被認為並沒有顧慮到對方。

現代已進入資訊社會，我們每天所要處理的資訊內容量十分龐大。雖然現在不像過去閱讀大量的鉛字印刷品，但因為電腦及手機的普及，我們每天所接觸的文字量其實很可能反而比過去更多。

因此，電子郵件等「傳達要務的文章」，如何簡潔地表達重點就變成關鍵。因此如果像一般傳統信件先從季節問候開始，然後聊一些與公事無關的近況，直到整封信快結束才開始說明重要的內容，會令收信的人十分不耐。

拋開主觀的情緒問題不說，真正提出的請求反而被忽略的可能性也會大增。考慮到防止失誤一點，一封郵件只傳達一個內容，而且**三行之內把要務說完是很重要的原則**。

如果無論如何都無法在三行以內講清楚要務時，先在三行以內預告內容，註明「有關〇〇和〇〇一事」。這麼一來，之後一看就能立刻了解要談的是什麼事務，才不會發生遺漏主旨的情況。

商業郵件的內容，沒有人會仔細從第一個字毫無遺漏地唸到最後一個字，考慮到這一點，養成三行之內寫完表達事項的習慣。

適度換行以便更容易閱讀

電子郵件依據收件者使用的工具畫面大小或系統，每行容納的文字數不同，即使自認打出的內容容易閱讀，很可能在對方的畫面卻不容易閱讀。

養成習慣，適度換行或加入「，」、「。」等標點符號。

原始郵件的內容最後全文引用

靈活運用郵件的引用功能。為了讓對方清楚符合的相關內容，**部分引用對方寫來的郵件內容來回信，讓洽談進行更順利**。

不過，即使像這樣引用部分內容，還是**盡可能在最後再次全部引用**，這麼一來，要從過去的交涉搜尋出必要資訊時，只需打開最新的一封郵件，就能找到需要的訊息。尤其是回覆只有簡短的「了解」、「知道了」時，嚴禁不引用原本的郵件內容。這樣日後不容易明白究竟是了解什麼東西。

不要使用半形片假名或（株）、①②③等特殊字體

前陣子我從某家大公司的業務人員聽到一件很奇怪的事。他說他的公司規定「輸入片假名時一定要用半形」。

這或許是過去的時代因為處理電子郵件的資訊容量受限而留下來的習慣；現在的時代，原則上不要在電子郵件中使用半形或特殊文字。

使用半形片假名或特殊字體，很可能因為對方使用的系統不同而變成亂碼，導致整封信件都無法閱讀。

如果因此需要再次確認，會使效率下降，也容易發生錯誤。因為現在已經不再是「只用電腦閱讀郵件」的時代了，**必須要顧慮到對方，不論是在什麼狀況下開啟信件都能閱讀**。

靈活運用半形英數字書寫

對於經常到國外出差，或是電腦語言設定為英語的人，應該會特別注意。電

子郵件的地址，你或對方的名字，以半形英文登錄是最方便的。

寄件者姓名如果是全形的日文，設定為英語的電腦或網路郵件信箱有可能變成亂碼。對方若是以英語設定的電腦閱讀，即使你的名字以日文顯示，對方看起來卻是意義不明的文字列。

另外，若是寄附件時，基本上檔名也是要以半形英數字來表現為佳。否則，不但有檔案可能因為檔名變成亂碼而無法開啟的風險，甚至可能連副檔名都有問題，要開檔案得費一番工夫。

*

以上介紹了我所想到的，有關使用電子郵件時的注意事項。

電子郵件是針對一個主題，和相關人員通信，並保留其記錄的工具。了解它的功用並靈活運用的話，應當就能減少與電子郵件相關的失誤吧！

Action ⑬

書寫對收件者友善的電子郵件，防止誤會或溝通上的疏失。

14 郵件應附加的內容，以及不能附加的內容

你是否任意添加附件？

有關防止電子郵件的失敗、失誤，最後我想談一談「附加檔案」。即使習慣使用電子郵件的人，也出乎意料外地對於附加檔案的規則或禮節有點草率。

首先，基本上，**就電子郵件的特性來說，不假思索就在電子郵件中附加檔案寄出，並非一件好事**。

尤其，附加圖檔還無可厚非，千萬不要附加和內文大同小異的文字檔。

不要這麼做的原因除了「開啟附加檔案很麻煩」，主要是因為另一個特性，將對日後的工作影響呈現出差異。

寫在內文中就能發揮搜尋功能

先從簡單的部分說起，大家所利用的電子郵件工具，幾乎都附有**搜尋功能**。

信件來往對象的名字自然不用說，比方說你隱約記得「下個月的活動應該是在秋葉原，那是哪一天？幾點開始呢？」這時只要以「秋葉原」的關鍵字來搜尋，就可以找出那一封郵件。

然而，如果這些是寫在附加檔案的內容，就沒輒了。只能不厭其煩地一一打開附加檔案去找。電子郵件軟體當中，雖然也有些能搜尋附加檔案的內容，但大量使用電腦資源去開啟附加檔案，搜尋很花時間。

容易混淆，搞不清哪一個是最新的附加檔案

這一點就像我在四十二頁當中說的，一個文件以相同檔名來處理時，最後就容易發生搞不清楚哪個檔案才是最新資料的困擾。

在分享文字檔案時，不要使用附加檔案，不妨使用雲端的共享服務吧！

「附件疏失」、「弄錯附件」等失誤的溫床

寄件者要加上附件時，若不先開啟一次檔案，就無法確認內容，因此**容易發生忘記附加檔案，甚至寄錯附加檔案的狀況**；而且，有時也會在寄件或收件時發生檔案毀損的狀況。

要從根本來防止這種狀況，最好還是只在必要的時候才寄附加檔案不是嗎？

郵件本文的資訊量愈小愈好

現在因為伺服器的改良，能處理的資訊量大幅提高的緣故，信箱容量塞爆的問題也大幅減少。

不過，電子郵件每天都是幾十封幾百封的情況，即使每一封的容易不算什麼，畢竟積沙也會成塔，因此**每一封郵件本文的資訊量愈小愈好**。

具體比較看看吧！日文在電子郵件中一個字元占了2個位元組（Byte），

以寫滿四百字的稿紙來說就是800位元組。

為什麼一個文字相當於2個位元組，那是因為我們平時使用的文字數量相當多。1個位元組相當8位元（Bit）以二進制來看1個位元組共有2的8次方等於256種不同的組合方式。但是，日文光平假名大約五十個字，片假名也差不多同樣數量，再加上漢字來計算，256種組合仍然不夠，因此一個文字必須使用2個位元組。使用2個位元組的話，能夠表現的文字則是256的2次方，共有65536個字。

那麼，以word來打四百字的文章又占了多少記憶容量呢？以word形式存檔時，起始的狀態是12千位元組（kilobyte），電子郵件形式的內文則是800位元組，容量大約需要電子郵件的十五倍。

另外，如果是WordPad的話，因為資訊量比較少，即使相同數量的文字數大約只占4千位元組，但還是需要電子郵件的五倍容量左右。

也就是說，**只要附加檔案，就會立刻膨脹郵件的容量**。為了削減容量就一定要刪除過去信件中的附加檔案才行，這些手續豈不是又形成失誤的溫床嗎？一不小心還有可能誤刪了應該保存的檔案。

除非必要，否則不附加檔案，恪守這個原則是把電子郵件當作記錄媒介來運用時，不可或缺的觀念。

降低電腦病毒的風險

這個社會上，惡質的電腦病毒大肆蔓延。光是開啟郵件的附加檔案，就不小心使得電腦中存檔的資訊被竊取，這樣的情況並不少見。而且，中毒的電腦所寄出的夾帶檔案的郵件，也會使得其他收件者開啟檔案時，陷入相同的症狀。因此，郵件中只書寫本文，檔案則透過網路硬碟分享，來降低風險。

附加檔案確實很方便使用，但限定只在必要情況下使用才是聰明的做法。

Action ⑭

想傳達的事情盡可能寫在內文，不要以附件方式寄出。

Column

現代人都比二宮金次郎更勤奮？

我讀小學的時候，不論哪間學校都有二宮金次郎的銅像。說到「背著柴邊走邊看書的小孩」，現代人或許難以體會其中的意義吧？在我童年時，他是勤勉的象徵，是人們認為應當好好學習的對象。

現代社會其實也到處都是二宮金次郎。每個人都拿著智慧型手機，專注地邊走路邊滑手機。雖然背上沒有木柴，但專心盯著手機畫面的模樣，和二宮金次郎的銅像十分相似（因為模仿會造成危險，聽說現在很多校園都撤掉了）。

我隨身攜帶的手機就如同前面寫的，是功能型手機，而絕對不使用智慧型手機，主要有兩個原因。

首先，要是使用智慧型手機，就算一天的工作結束，在私人時間只要你願意，就可以隨時去看有工作相關的郵件，我想避免這個狀況。

自負為「知識職務的自由工作者」的我，不論星期六日或連假、過年，都在許多不同場所，和各行各業的人士一起照常工作。

聽我這麼一說，對方常驚訝地瞪大了雙眼，「這也太操了吧？」但這只是想法的轉換，我每天都過得有如休假日，工作以外的時間——比方說晚上，就完全拋開工作。

只要是休假的時間，不論去哪裡都絕口不談工作。如果在宴會當中有人提起工作的話題，我就不著痕跡地離開。作為一個社會人士或許稱不上傑出，我為了不在私人場合處理工作的方法，就是不帶智慧型手機。

「抱歉，我只有功能型手機。所以明天早上才會確認您的信件。」像這樣不就是很方便的藉口嗎？藉由物品的功能不足，來確保自己的私人時間。

就算不做到這種程度，近年來也常聽很多人說因為耗太多時間在社群網站上而感到疲乏。

「我沒使用臉書，聯絡時請寄電子郵件給我。」

「我沒有ＬＩＮＥ的帳號，麻煩您使用這個方式聯絡。」

沒有自信保持適當距離，就乾脆避開不用。我認為這也是現代的處世之道。

回到二宮金次郎的話題。現在每當一搭電車，總令我忍不住懷疑眼前看到的不論男女老少，難道全都化身為二宮金郎？現在有人開始批評這樣的風潮。

除了會造成肩頸痠痛及視力惡化，「任何事都靠搜尋就得到答案，腦袋反而變差」。我個人認為肩頸痠痛的問題或許確實沒錯，其他的問題就有點接近找碴。雖說有「Google效應」、「數位健忘症」，但頭腦變差應該是不一樣的吧？

發生這些問題，是因為機器介面現在仍然不是十分成熟；所以只能由人們透過手及眼睛操作機械尚未成熟的功能。今後機械應該會朝著更符合人類便於操作的方向演進。

第5章

把表現發揮到淋漓盡致的工作術

自分のパフォーマンスを最大まで高める仕事術

15

對於「不了解的事情」正確的應對方式

自行查詢或問別人——「有能力的人」會選擇哪一種？

九十四頁說明了有關HTML的概念，我覺得日本在電腦及網路方面的基礎，在先進國家當中的水準相當低。

很多人可能認為「這本書不是談鏟除失誤，讓工作更有效率嗎？為什麼必須了解程式語言的原始碼呢？」

對於這樣的人，我想提出一個問題。不了解HTML，覺得很難時，你會採取什麼樣的應對方式呢？

有些人可能把問題先擱置一旁，繼續往下讀；有些人則會利用手邊的電腦或手機查詢；又或是乾脆放棄閱讀本書（嗯，那就不會看到這一頁了……）。

事實上，**如何面對「不了解的事物」**，和提升工作效率、降低失誤有很大的關聯性。愈是所謂的「工作菁英」，遇到不明白的詞彙或概念，愈是傾向自行查詢。這裡面也包括使用最方便的 Google 等工具查詢。

不失敗的人，總體而言好奇心特別旺盛，而且每當遇到不明白的事物就會積極查詢，透過理解新的概念，找出過去不曾想過的嶄新解決方法。

養成透過勤奮搜尋來正確理解詞彙的習慣，就能**減少因為意思溝通不良而導致的失敗**不是嗎？

以 Google 提升英語能力的方法

另外，透過 Google 等搜尋引擎，不僅僅是用來查詢不了解的事物，同時也是英語不好的人一大利器。

使用翻譯工具，或是自己所想的英文句子，把英文用雙引號「""」括起來用

Google 等搜尋引擎查詢看看。

結果若是**沒有出現英文的熱搜，或是只出現在「~.jp」的網頁中，就表示「這個說法在英語系國家並不使用」**。這時不妨重新思考看看，或是尋找看看相似內容的英文網頁，仿照這些網頁內容的表現。

「不了解」這件事，從其他觀點來看，正是學習新知識、跨越新領域的機會，不妨花一點時間，努力去滿足好奇心。

Action 15

因爲不了解而覺得丟臉以前，不妨問問 Google。

16

不應該承接過度，不囤積的「工作量」管理法

因此我敢武斷地說「工作量不可能過多」

前面說過，我同時兼了好幾份工作。也因此有機會看到許多不同人士工作的樣貌。然後發現不論待在什麼樣的公司，只有極少數的人始終只做同一件工作。一般人都是必須同時進行好幾份工作。

但是，**不擅長同時進行多項不同工作的人似乎不在少數**，因此同時肩扛幾份工作進行的結果，就容易發生趕不上交貨期限，或是不小心犯下平時不會出的過失。

由於曾和許多公司行號一起工作的經驗，我發現有些地方常做事手忙腳亂而

連連出錯，有些地方則總是臨危不亂，極少出錯。**再怎麼忙碌也不會發生失誤，又或是就算有人犯了失誤也能迅速各就各位**。可以說這就是「高績效組織」需要的條件吧？

根據我的分析，失誤少的組織，工作分配往往很確實。每個人的工作量都能適當的管理分配。因此，即使其中一個人出錯，其他人也能機動性調整，讓工作繼續進行。

相對的，失誤多的組織，工作量往往容易集中在少部分人身上，不是整體工作量過多，就是分配不均，又或是負責人力有未殆，總是手忙腳亂，無法應對突如其來的小事。

用不著我多說，每個人能承擔的工作量都是有限的，一旦超過限度，當然會陷入恐慌。

不可能「工作量過多」

「這麼說來，現在分配給我的工作量太多了！」

或許有人會這麼說。但照理說不會有這種事。主管交派的工作量，應當是符合個人能力才對。換句話說，**只要沒有失誤好好地分配，就能不需要承擔超出負荷量的工作**。

「要是時間會來不及，問題應該出在時間分配上」的思考態度，才是減少工作失誤的捷徑（不過，有些主管在分配工作之際，一開始就把加班及假日出勤也算進去，因此，即使妥善分配工作時間，由於增加不合理的工作量，除非透過工作異動或換工作等改變環境的方式，才能改善狀況）。

又或者是被交辦了無法完成的工作量時，這時應該先提出「要是無法在限期內完成工作」的前提，如果你的主管能這麼因應，他才符合身為「主管」的職責。不可能每一件工作都是沒有準時達成就完蛋了這回事。

首先是妥善安排工作，盡可能不要發生接近期限才說做不完的狀況。而是在**承接下來時就確實判斷是否能如期達成**。

這是避免發生「無法完成所分配的工作，導致評價一落千丈」、「被認為是個辦事不力的傢伙」（廣義來說是工作上的失敗）這類情況的訣竅。

工作量「以時間」來掌控

為了妥善調配工作，處於被動接受工作分派的人，**平時就該計算「自己的工時」**。

也就是說，**接受工作安排時，要能計算該項工作需花多少時間**。

我開始獨立創業時，是先從技術翻譯（翻譯專門內容文件的工作）開始。剛開始是來者不拒。我從仔細的計算字數，評估報價開始，每一件都花了不少時間（當時不像現在有「計算字數」這麼方便的功能）。雖然確實花了不少工夫，但也多虧這個經驗，現在只要大致看一下原稿，就能掌握大概有多少字，翻譯需要花多少時間。

這麼一來，對於「自己該做的工作」管理就變得很輕鬆。即使瑣碎的工作堆積如山，也能大致掌握每件工作所需要的時間，因此不致於陷入恐慌的狀態。

如果能像這樣計算以及預估自己的工時，一旦被交辦什麼工作時，就能清楚地估算**「不可能在這個期限內完成，如果是〇〇的時間，就可能有辦法」**，對於承接的工作確實負起責任。站在主管立場，也比較願意調整，「既然這樣，這個工作比較趕，先處理。之前拜託你的工作可以往後延。」防止工作過度集中到你身上。

不過，無論被要求多麼不合理的工作，只是一味拒絕，

「辦不到！」

「不可能！」

這樣的回答是不行的。身為受雇的公司員工，就一定要處理被交派的工作。不要只是拒絕，而是加上提議，**「因為我正在處理另一件工作，如果是三天後應該沒問題。」**

或者是被交派陌生的工作事務，需要學習相關的知識技能時，可以先預估學會它的時間，如：**「兩個月以後的話，沒問題。」**這麼一來，如果是急需處理的事，委託者應該就會放棄，尋找其他支援，或是自己處理等改變方針。

這麼一來，**你就不至於因為業務量過大而失敗了。**

計算工時的訣竅

這一節內容的關鍵，在於如何預估工時。

正確掌握工時的方法是什麼？就好比每個人同時處理的工作數量不同，而每個人對於工作內容的掌握也因人而異，總之，只能先嘗試預估看看。

剛開始或許這個預估容易產生偏差。但不斷重複預估幾次後，就能沒有誤差地計算出來。或者是直接請教委託的人，**「你認為這個工作需要花多少時間」**，也是一個好方法。

此外，工作總難免有突發意外，訣竅是**多保留一些彈性時間**。彈性時間的幅度視工作而異，一般來說，記住「**超出兩倍則過多**」的原則，我想就沒問題了。

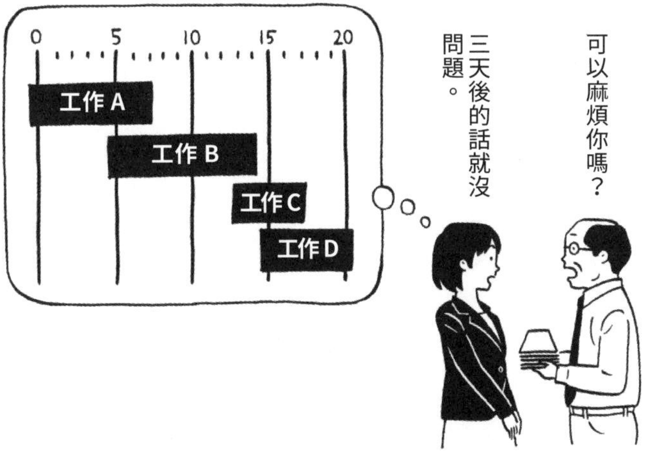

工時以「花費的時間」來掌握。

Action ⑯

受委託的工作以「花費時間」來管理。

17 潛伏在「例行工作」中，意想不到的「時間小偷」

善用多工處理

前面已經提過，我和許多不同的公司行號一起工作。因此，時常要同時處理多份工作。但是，**不論承攬多少工作，我必定恪守一段時間只處理一件事，這個專注的處理原則**。有些工作像是在要求你左右手同時做不同的事，這種的我處理不來。

現在因為電腦很方便，所以能夠在桌面同時開啟多項工作。

電子郵件、Word、Excel、PowerPoint、網頁瀏覽器等視窗。電腦桌面同時開啟好幾個視窗，可以在這項工作及那項工作中隨時轉換。另外，即使只開一個網頁瀏覽器，也可以同時開啟好幾個網頁，保持「隨時都可檢視的狀態」，這可以說是「多工處理」。

不過，我一直認為電腦的「多工處理」功能，盡可能不要用比較好。一面進行Word作業，一面回覆每一封收到的郵件……在不同工作中轉換不是件容易的事。

即使專注在工作上，只要一收到信就想回覆，要是只有讀過，打算「等一下」再處理，很可能過後就忘了；而且重覆讀同一封郵件，我覺得很傻。

用電子郵件寄來溝通的事項，通常不會急於一時三刻處理。一次只專注處理一件事，在最短的時間沒有失誤地完成工作，我建議應當避免多工處理。

多工處理的進階運用

不過，有時「多工處理」也有它的優點，那就是**當大腦在處理不同工作的時候**。

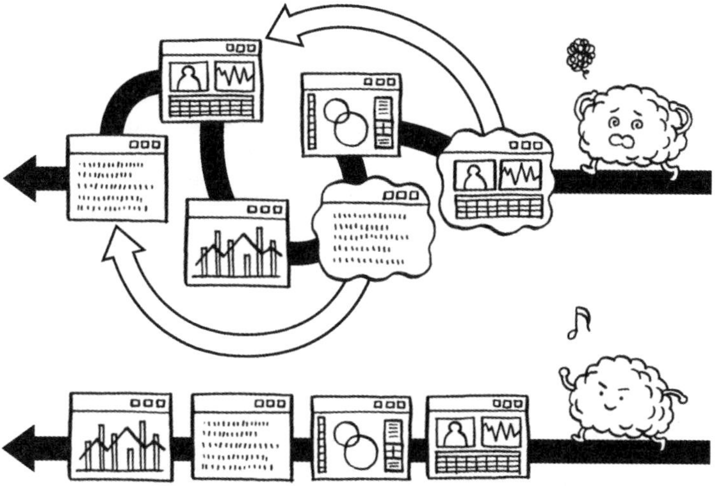

多工處理使工作變得更複雜？

通常工作可以大致分為兩類，一是「整理、調整的工作」，一是「創造性的工作」。會計、報告的製作屬於前者，又或是分析發生的事項，或是修正過去的工作；後者如果以我的狀況來說，好比新功能的程式設計、寫稿、在大學的授課或演講等。

當然，並非所有工作都能清楚歸類為其中一項，不過多數應該都可以大致歸類到其中一項吧？

我建議分別把一項「整理、調整的工作」和一項「創造性的工作」合併進行。

「創造性的工作」在思路泉湧時能夠進行得很順暢，相反的有時也會進入死胡同，如果花了一些時間仍然想不出好點子，就可以拿出「整理、調整的工作」。比方說程式寫不出來時，就整理出席活動的報告等。這樣的組合方式是最棒的。

這大概就像——**無法順利想出好點子時，我們的思考容易鑽牛角尖，以致思路變得不靈活；這時候活動大腦不同的部位，能夠鬆開僵化的思考之牆。**

相對之下，「整理、調整的工作」不會有思考僵化的情況，如果有的話，那就是腦袋厭倦單純作業的時候。

這時候，不妨給自己一些獎勵，設法找回專注力。一口氣整理過之後，稍微讓它休息片刻再重新檢視，就能發現作業單調而出現的失誤。

如何運用自己的大腦？如何轉換情緒？思考這一點，也是在最短時間內正確完成工作的重要過程。

Action ⑰

如果要同時進行，就各找出一項「整理、調整的工作」及「創造性的工作」，其他的多工處理，現在就立刻停止！

18

應當運用在工作上的「野性直覺」

對時間、方位要更敏銳！

我們的生活周遭，有許多便利的工具。本書也介紹與ＩＴ相關的許多工具與創意。

使用這些工具非常棒，多加利用能使工作效率更高。但是，太過依賴工具也有一些缺點。

其中，我特別無法忽略的是「直覺變得遲鈍」。

比方說，你知道現在大概幾點嗎？哪個方位是北方？你能憑感覺知道嗎？任何事物都行，請試著預想看看。

大致上都猜對了嗎？還是都猜錯了呢？

想知道時間，瞄一眼手錶就可以，電腦螢幕角落或手機也會顯示時間。稍微迷路時，打開 GPS 就能在地圖上確認自己所在的地點及目的地，開啟導航就不怕迷路。

我們確實可以透過機器來獲得必要資訊。然而，「時間感」、「空間感」這些**「感覺」部分機器無法代替。光是仰賴機器，會使我們失去「感性」**。

比方說，完全依賴時鐘，所以生理時鐘不起作用，「這項工作三十分鐘內完成」的分配速度品質就會下降吧？專注於工作之際，不知不覺間超過約定時間，以致容易發生失誤。

像這樣只仰賴外界裝置的結果，「工作直覺」就會失靈。遇到機械故障的時候，若是仰賴的機器無法運轉，原本機械所提供的資訊，就完全無法確認，將使自己陷入悲慘的狀態。

另外，與人相處也需要「直覺」。對方的喜好、價值觀，只能以「直覺」來掌握。這些觀察力的敏銳度——「人際關係的直覺」，在仰賴工具的同時，可能也會跟著生鏽。

找回直覺敏銳度的訓練

因此，我現在偷偷地訓練自己找回直覺。說是訓練，方法其實很簡單。打算看時鐘時，先猜猜看，「現在幾點鐘呢？」到了陌生的地方，「目的地是往哪個方向呢？」不看地圖而開始推測。或者是，猜猜看「現在的氣溫、室溫大約幾度？」

剛開始與正確答案雖然差距極大，但多練習幾次，準確度會逐漸提高。經過重複不斷的練習，現在不論多麼專注工作，也都能知道大概是幾點。

「直覺敏銳度」、「觀察敏銳度」並不是只有在特定的領域才能發揮作用，透過這樣的訓練自我鍛鍊，或許也能及早察覺失敗的因子萌芽，而及時摘下。

希望你也能找回失去的直覺，為自己練習出題。

Action ⑱

為自己出題目練習：「現在幾點鐘？」「北方在哪一邊？」「現在幾度？」

第6章

成為「出色工作表現」關鍵的人際關係與溝通訣竅

「ずば抜けた仕事」の決め手となる人間関係とコミュニケーションのコツ

19

「溝通程度」改變八成的工作成果

潤滑人際關係的理科思考方式

工作上的失誤、意想不到的時間失誤，多數都是因為與他人的關係而發生。

搞錯主管的指示。無法完成團隊的任務。以往都是自己負責的聯絡事宜卻不小心忘了……。例如以工作的截止期限來說，出現類似以下疏失的人，我想應當也不少。

「三天前拜託你的資料處理好了嗎？我一個小時候的會議要使用。」

「你說今天以前要完成的那份資料對吧？……咦？你說的今天以前，不是下班以前嗎？……我現在就去做，三十分鐘處理完給你。」

你可能會認為類似這樣的誤解沒什麼大不了，但若是發生在與重要的客戶會議，就是件大事了。

又或是，開發部負責人和業務部負責人之間的談話。

「前幾天談的新商品銷售狀況怎麼樣呢？」

「嗯，很受五十歲以上的女性顧客好評。希望你們能多開發這類的商品！」

因為這樣的對話，開發部負責人接下來針對五十歲以上的女性客群開發新商品，但業務部負責人期望的卻是針對其他年齡層開發類似的暢銷商品。這也是溝通上的誤解，在這樣的情況下，所耗費的時間及勞力都白費的可能性非常高。

像這樣溝通而導致的誤解或失誤，究竟該如何防範呢？

不追求完美

在工作上與人接觸時，比什麼都重要的，是要建立**「自己或對方都不完美」的前提**。

缺乏這個認知的話，可能就容易責備對方。

「你不是說今天交給你就好了嗎？」

「你不是說開發針對五十歲女性的商品嗎？」

正因為我們和對方（包括上司）不完美，我們召開會議，確認彼此的認知，確認程序手冊，或自行記錄作業備忘重點。

並且，不論是作業備忘重點或程序手冊，又或是會議記錄，都是不完美的人類製作的東西，當然也不可能毫無缺陷。

「這本操作手冊上就是這麼寫的。」提出這樣的堅持沒有任何意義，因為操作手冊本身可能就是不完備的。

如果能把人類的不完美列入考慮，就能大量減少無法挽回的失誤。

人類因為會改變所以很有趣？因為會改變所以很麻煩？

另外一點，容易成為失誤導火線的，是因為我們「**會隨時間而改變**」的特質。

「那個部長，每次聽他說的事情，總是變來變去。」你身邊是否有這樣的人？不光是我們身邊那些被這麼批評的人，我們的認識或意識也不斷地改變當中。

這之所以會造成「失誤」，是因為原本共同認知「當天完成就可以」的文件，在不知不覺中，其中一方的認知卻變成「要是上午可以交出來就太好了（我應該這麼說過了才對）」。

又或是對方說「當天早上以前完成」，但聽的一方**「誤會」**以為「當天中午以前」。

另外，也有可能自以為認知和對方相同，其實各自的觀點有微妙的差異。「當天」有人認為是當天下班以前，也有人認為日期變更以前。

許多工作都需要多數人一起為同一個目標而努力。為了做出成果，需要分擔彼此的任務，共同協力合作才能完成。團隊中的成員，有必要對彼此分擔的任務及作業結果，盡可能達到相近的共同認知。

什麼人負責做什麼，所負責的部分和其他人負責的是否能妥善搭配完成，團

隊的結果就會不同。

換句話說，溝通確實，團隊成員都保有共同認知，是工作能順利進行不可或缺的條件。

失敗學教給我們的，絕對能建立確實溝通的奧意

那麼，不完美的人類彼此要能建立良好溝通，確實做出成果，應該怎麼做呢？

從工程學觀點來看，建議的是「視覺」運用。

當我們談論有形的產品，或者是製造流程等可以視覺化的東西時，可以簡單地以圖或工程圖來整理。如果不擅長畫圖或工程圖時，簡單地以手機的相機來拍照，當成附加資料，現在，有很多「視覺化」的方法。

這個「視覺化」也可以用在抽象的排程（scheduling）。

比方說，主管指定製作會議資料的完成期限時，當下就可以在時間軸填上

「會議資料截止日期」，和主管共享資料。共享的方式，八十八頁介紹的共同時間表就能派得上用場。

將只用口頭交辦的事項，反而以照片、插圖、文字來呈現，這樣就能大量降低誤解的可能性。

為什麼「訴諸文字」如此重要

在工程學的領域，「視覺化」也被廣泛運用。

例如，設計新機器時、分析事故原因時，我們會運用「思考展開圖」，所謂的「思考展開圖」，就是把思考過程刻意以文字呈現，訴諸形式。

設計新機器時，首先把打算實現的功能（＝「產品需求功能」）以文字來表現，換句話說，「設計這個新機器的目的，以簡潔的文字來表現」，其實難度相當高。

以吹風機來說，大概就是「迅速把頭髮弄乾」吧？那麼，「手機」該怎麼

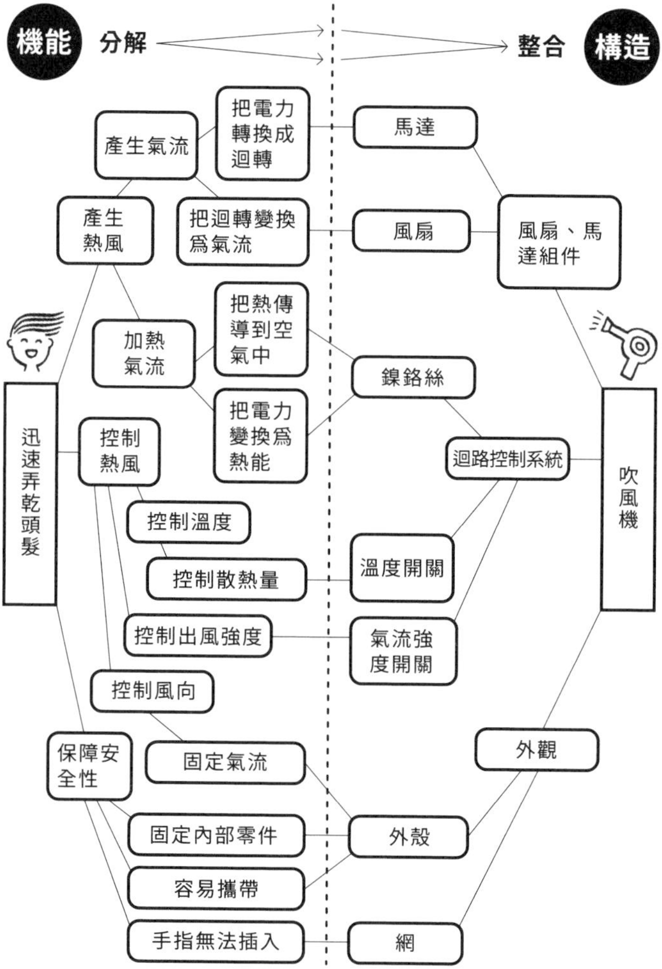

「轉化成文字」是視覺化的第一步

表現。

或許有人會說「打電話」。但是，這和固定式電話不僅沒有差別，也沒有回答出真正的目的。不是想打電話而使用手機，而在想打電話的時候立刻能對話，因為想講話的對象不在旁邊，所以才打電話。

因此，手機的產品需求功能，就會是「任何時候、任何地點（＝隨身功能）」找到「期望的對象（即使不在身邊）」，在雙方允許的狀況下（對方也有可能無法接聽）進行對話（＝電話的功能）。

如果無法像這樣**明確地以言語表達出來，就不會產生新商品**。

把這個產品需求功能應用在各位平時的工作上，就是用具體的文字表達目標。例如，「透過簡報讓新企畫通過核准」、「將文件整理成任何人都能讀懂」、「新訂單要達到一百件」等。

將這些目標用文字具體地「視覺化」，才是與人順利溝通的起點。

不論多大的目標，只要「分解為小目標」就能達成

把目標以文字表達出來後，接下來得思考，**該做什麼才能達成視覺化以後的目標**。預定目標是較為粗略的想法，因此現在把之前提到的產品需求功能，進一步分解為更小的需求功能。先思考最底限的條件——只要能把這些想出來較小需求功能一一實踐，必定能實現前面的產品需求功能。

以吹風機的例子來說，「迅速弄乾頭髮」的需求功能，再細分為「產生熱風」、「控制熱風」、「保障安全性」這三項。以商務中的「透過簡報讓新企畫通過核准」為例，或許可以分為「明確呈現與過去企畫案的差異」、「預估可能的參與者」、「計算成本」、「擬訂行事曆」等四項（更詳盡的說明，請參考拙著《創造設計思考法》）。

再更進一步分解下去，就會達到「已經無法再進一步細分」的狀態。若是**把這些具體事項一一達成的話，就能達成一開始預訂的目標**。

目標分解後，接下來則是思考如何達成每一個分解目標。以工程學來說，就是思考實現這些功能的「結構」。思考每一個結構，最後組合而成，就能製作

出新功能的產品。

對於無法預想該怎麼做才能實現的事情，以這樣的方式重新解構思考，就容易出現你要的答案。

確實把為了達成目標所需的條件寫成文字，在一項一項達成的過程中，不論多麼大的課題，都能夠解決。

藉由文字化，也更容易與他人分擔任務，防止業務量的輕重偏倚，讓團隊能同心協力，達到成果。

理科思考才是確實達成意見溝通的關鍵

到目前為止，我們已經從工程學的觀點說明「思考展開圖」的使用方法，平時我們在工作之中，腦海中自然會進行類似這樣的思考迴路。因此當接受必須製作資料時，首先就會採取「要先蒐集資料」、「向〇〇確認這個部分」之類的具體行動。

把以往無意識進行的思考，具體明確地表達出來，就能避免失誤、提升效率。

比方說，在公司收到工作指派時，多數都是「口頭指示」。

例如，接到「三天內麻煩完成〇〇」的指示。這是一種很模糊的指示，導致造成認知的差異，並造成誤會。若是不假思索地答應「好的！」，就會產生因為認知不同而衍生的錯誤。

因此，收到這類模糊的指令時，在回答之前，先依照思考展開圖的要領，依序思考。把要達成目標的要件用語言表達。

比方說，「這份資料和這份資料，在二十四日下午五點以前交給部長就可以對吧？我了解了。」

亦即換個方式表達來複誦對方交辦的事項。如果對方沒有立即意會過來，極有可能是誤會了交派的工作。

雖然比單純複誦更費神，但只要熟練這個技巧，**因為誤解或認知差距造成的失敗，幾乎可以百分之百根除。**

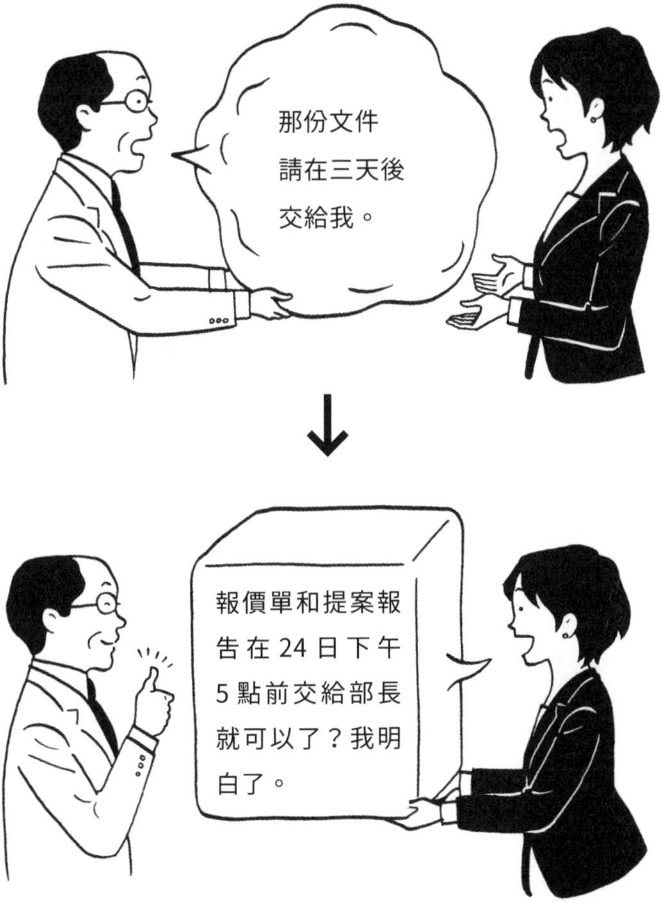

將對方的話具體有系統地覆述一遍

這種作文力，在重視紙本考試的日本學校教育中，被棄之如敝屣。但任何一個進入社會的人士，有朝一日都將需要這種能力，從今天開始訓練也還不遲。

不管是在商業或工業領域，要讓多數人共同參與的事情順利推動的能力，就是將事物轉化為語言的能力。

Action ⑲

養成把被指派的事情「拆解層次換個說法」的能力。

20 和關鍵人物成為夥伴

借力使力而順利推動的工作意外地多

就如我前面說的，我在美國的企業工作後回到大學，自行創業、在日本企業服務、成立失敗學會等，經歷了許許多多不同的事情。

若是問我，「其中哪一個工作印象最深刻？」我會毫不猶豫地說，是美國核能發電廠的維修工作。

距今三十多年前左右，剛成為工程學、機械設計者的我，在美國三年間進修累積經驗，當時我被分配到核能發電廠的維修團隊，是一個十人的專業設計團隊。

當時老舊的核能發電廠所產生的零件不良修理工作，大概由四人處理。不論是在哪一項工程發生失誤，都能一開始就做好準備，以不同方法支援，是一個準備周全的專案。主要工程有三項：

①**切斷及回收舊螺絲（直徑二十五公釐）**。

②**裝好的不鏽鋼零件以電鋸切斷為五公釐左右，然後回收斷的碎片**。

③**裝上新的螺絲後溶接**。

螺絲或零件都安裝在水下，因此要在超過十五公尺以上的作業場，遠距操作。

我所負責的是其中的第一項作業，這個步驟可以毫無差錯地完成，但其實這個專案有一個必須處理大問題，那就是在第二個步驟，切斷的碎片會在水裡浮游，有可能無法回收。雖然設計在切斷為止的步驟可以分毫不差，為了回收碎片也有回收箱，但我們無法掌控是否確實達成預期效果。

到了即將進行維修實施只剩一個星期的時候，領導團隊的法蘭克帶著我，去拜訪這次不在團隊成員中的資深設計人鮑伯。然後，團隊目前面臨的難題，及我們所準備的系統，一五一十地告訴鮑伯。

鮑伯思考了片刻，從完全不同的切入點，提出確實可回收的點子。這個點子背後憑藉的是鮑伯的經驗，是非常劃時代的想法。當時我所受到的衝擊，宛如迎頭痛擊般，至今仍令我記憶深刻。

專業領域的內行人，果然不容小覷

我們總是在不知不覺中，試圖靠一個人的力量去完成受委託的工作。不斷地從嘗試中了解錯誤，思考更好的方法，也是讓自己成長的重要態度。

但是，**「專業領域的內行人」果然還是與一般人不同**。想出我們集合了數人也提不出的點子，從不同的角度去觀看事物，這是鏟除失誤的重要訣竅。

說真的，這樣的人或許會令人覺得難以親近，不容易攀談。

實際上，當時助我們一臂之力的鮑伯，擁有出類拔萃的設計才能，卻與加薪、晉升無緣。因為他被視作職場中的怪胎，大家都覺得他很孤僻。

有時候「拜託別人」也很重要

然而，**許多這樣的人，對於「非找我商量不可」卻非常開心**。以工程學來說，解開疑難雜症，開心的程度，可以說就像追到心儀的異性一般。我想即使其他領域，喜悅的程度應該也不相上下。

不要因為對方被貼上「他很難相處」的標籤就人云亦云，需要協助的時候借助他人的力量，老實地與專家商量，能更加提高避免失敗的機率。

Action ⑳

走入死胡同時，就盡可能請求他人協助。

Column

鮑伯提議的核電廠維修點子

前面提到有關核能發電廠維修的案例，或許有人在意，究竟鮑伯提出什麼樣劃時代的點子呢？因此以下簡單介紹我們所想的方法，以及鮑伯的提案。

我們一開始想到的方法是把要切斷的零件，先裝在一個箱型、沒有蓋子的容器，然後再切斷。但是，作業必須在水中進行；一切斷，碎片就會流走，很可能無法順利流進箱內。

鮑伯提出的點子，則是讓要切斷的零件緊緊依附箱子，再把零件和箱子的一部分一起切斷。這麼一來，就算零件切落下來，箱子仍留著未完全切斷的部分，碎片就不會流入水中漂走。

（補充給電氣學的讀者：填裝核反應爐的水並不是單純的水，而是離子交換水，電動工具端子等即使不做防水處理，也和在空氣中一樣，可以在填滿水的核反應爐中使用）

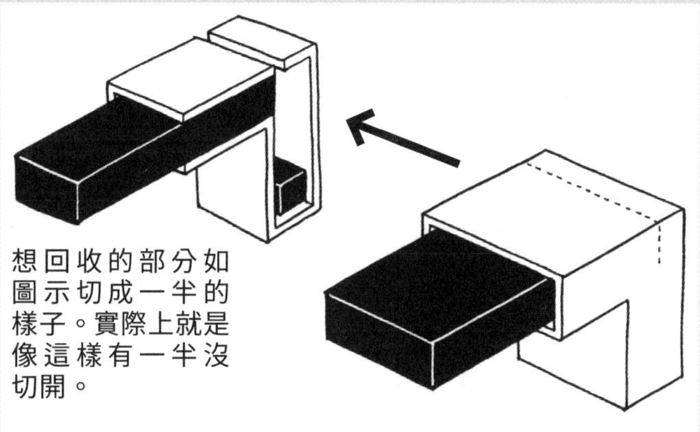
想回收的部分如圖示切成一半的樣子。實際上就是像這樣有一半沒切開。

鮑伯的點子

十人以上的團隊絞盡腦子也想不出的點子，卻只靠一個資深人員一下子就想出來，這可以說是「請教專家效果」的最佳實例吧。

21

「反過來借助門外漢的看法」

從外行人也能百分之百了解的觀點出發，就不會有疏漏

除了專家以外，為了防止失誤，還有一種可以提供協助的人。那就是「門外漢」。事實上，**對專業領域完全陌生的人，反而能給予意料之外的協助**。

偵探或刑事劇常出現這樣的情節：主角找不到解決事件的線索，正在唸唸有詞時，其他人無心的一句話讓他靈機一動，「啊！原來如此！」其他人只能莫名所以地目送主角飛奔而去。

不用說，主角之所以靈機一動，是因為從沒有專業知識或經驗者所說的話得

到的靈感。沒有專業領域的知識及經驗，換個角度來說，反而**不會受制於先入為主的成見或主觀**，能夠**看到事情的原貌**。

這樣的觀點，也能運用在防止失誤上。

近年來，很多人會使用**「腦力激盪」**（brainstorming）來激發創意，這可以說正是**借助專業領域以外力量的有效方法**。腦力激盪的英語原文，很容易被人誤以為是「在腦中掀起風暴」，但其實原義是「攻擊和攪亂」的意思。是的，腦力激盪的原本用意就是透過刺激大腦產生新的創意。

因此，比起一個人，多數人更能相互刺激，激盪出好的點子。另外，若是不僅僅只是同一個團隊，還包括了其他從事不同工作的人，思考更能往不同的方向發散，浮現更多好創意。

你的說明是否流於自我中心

門外漢的力量，除了提供點子以外，也有非常值得信賴的其他地方。

那就是，能夠確認你是否充分了解自己所做的事。

比方說，**試著把你的日常工作，向完全沒有這個知識領域的人說明**。沒有過與不及、不會招來誤解……是否比你預想中來得困難呢？

要向門外漢說明某些事情，極其困難。因此，透過淺顯易懂的說明，就能加深你自身的理解。

當你遇到某些問題，或者找不到適當方法而煩惱時，不妨嘗試看看把現在面對的問題，盡可能淺白地說給門外漢聽。你會發現，**很多時候，在說明的過程中，自然而然地能發現解決方法**。

當然，光是徵求對方的意見也是有意義的。找專業領域外的人咨詢，就像前面提到的，因為沒有先入為主的觀念或成見，能以更直率的觀點去看問題。因為不像專家認定「這個當然就是這麼做」的想法，有時反而能聽到更靈活的意見。

我們很容易貶低外行人的意見，但以廣納百川的態度，「他山之石」也能成為穩固的靠山。

通過連外行人也能了解的關卡，就不會產生失誤

Action 21

保持積極聽取外行人意見的柔軟態度。

22 從矽谷學習到的「信賴關係」本質

光靠「外觀」也能轉變信任度嗎？

為了讓企業順利營運，「信賴關係」至關重要。信賴關係是溝通的基礎。若是能和對方建立穩固的信賴關係，不但提案容易通過，也更能讓對方尊重你。

相反的，**若是在一開始就無法順利地建立信賴關係，就可能提高「失敗」的機率。**

比方說，一九九八年左右，我在電腦器材技術公司服務時，曾發生一件這樣的事情。

因為有機會和某家大製造廠洽談商務，於是我和社長等三名人員精神抖擻地拜訪位於矽谷的某製造廠總公司。如果生意能談成，對我們公司而言，會有很大的成長，所以大家都很有衝勁。

由於很希望這次合作能夠談成，社長提議：「這次拜訪，穿西裝去吧！」

說到矽谷，印象中他們的服裝應該是比較休閒，他們從當時就有這樣的傾向。雖然律師或金融方面的商務人士都穿西裝打領帶，但其他人穿著輕鬆的便服則理所當然。電腦、軟體、網路相關的工作，一般都認為「輕鬆的便服，才是不靠外表，有工作能力的證明」。

換句話說，穿西裝打領帶，反而會被認為「只講究外表，無能的傢伙」。

我雖然努力想說服社長穿著便服去拜訪，但社長強烈的認為「西裝＝正式」，所以最後仍無法說服他。結果，社長和另一位負責業務的同事穿西裝打領帶，我雖然沒有打領帶，但我的穿著也談不上是矽谷風格。

果然，和我們洽談商務的課長，是一個穿著慢跑T恤和短褲的年輕人。即使自認了解矽谷常識的我，也被對方這麼輕鬆的打扮嚇了一跳。可惜當時沒有拍下照片，更遺憾的是生意也沒談成。

我並不是說這次生意沒談成的原因，百分之百都出在服裝的問題上。但是，**服裝是了解對方是什麼樣的人，最早的資訊來源**。放過這項建立信賴關係工具的機會，是毫無疑問的事實。

重視對方的常識甚於自身的常識

日本整齊劃一的西裝穿著，夏天則是涼夏正裝打扮，遞交名片一定雙手奉上等，我並不認為這些做法有錯。

現在我多半的時間都待在日本，因此，不論演講或和客戶會談都依照這個方式。這和我認為做法好壞無關，而是因為這麼做才符合「日本的習俗」。所謂入境隨俗，就連美國人拜訪重要的日本客戶，也會練習如何交換名片（雖然有一半的因素似乎是覺得有趣）。這是因為，**我們都是透過行為舉止來判斷對方是否值得信任**。

只要有優秀的口譯人員，不會英文也沒關係？

從這一點來談最近的話題，**如果想和英語圈的人平起平坐地洽談生意，我認為還是必須以英語交談**。

更進一步地說，如果和對方沒有共同文化，想把東西賣給對方也很困難吧？這個原則不僅在於日本和美國這種必須突破國境的問題，即使是東京與大阪這樣同屬國內的不同地區，在相處上也會面臨同樣的問題。

失敗學告訴我們，「要重視『現地、現物與現人』」。從過去的意外事故學習，前往該事故實際發生的地點，觀察現場事物、聆聽當事人說些什麼是很有效的方法。

套用在商場上也完全相同。希望對方購買你的商品，就要了解目標市場的人過什麼樣的生活，和他們吃相同的食物、體會相同的勞苦，如果無法和他們聊得來，不可能有辦法把商品賣給他們。

「他很了解我們」、「他很盡力在配合我們」。

實際採取行動、經驗，與人交流，以你的腦袋思考。透過這樣的過程，才能達到真正的理解，了解對方的心情。

因此而生的「信賴關係」，是不論讀了多少專業書籍也無法建立的。

Action ㉒

藉由外觀及姿勢表現，努力去理解對方的態度。

23

藉口也分為「好藉口」與「爛藉口」

把心情傳達給對方的正確方法

人際關係在工作上是重要的要素，但很多人容易在這上面犯下的一個失誤是**「說話方式」**。

這種失敗很難以肉眼可見的形式呈現出來，小時候若是看不慣對方的言行，或許會直接發展成吵架；但成年以後，就少有這樣的情況。多數情況下，我們會拉出界線，「不要和這個人牽扯太深」，而與對方保持距離。

另外，有時因為對象不同，或時間、場合不同，搞不清楚究竟什麼因素導致「失敗」，這也是困難的一點。在某個場合掀起會場沸騰的話題，其他場合卻變得冷場，這種情況很難釐清。

話雖這麼說，為了在商場上建立更良好的關係，有些應該掌握的重點。這一節我想就避免「人際關係上的失誤」，談一談如何設定最低防線。

重點 1　說話盡可能簡短

首先，是**不要喋喋不休。**

這不僅限於一對一的談話時，還適用於自我介紹、宴會或結婚典禮上的致詞，會議上的簡報或學會發表等場合。尤其是在限定時間發表談話時，要注意讓發言在時間限制前結束。

需要盡可能簡短的原因，是**因為「你想說的話，和對方想聽的話不同」**。而且大部分的情況下，**「想說的話」總是遠比「想聽的話」來得多**。

這裡，先以學會發表的例子來想想看。

毫無疑問，聽眾想知道的當然是發表的結論。而且發表的當事人，自然最想傳達給聽眾的也是結論。

但是，結論以外，聽眾「想聽的內容」和講者「想傳達的內容」，幾乎是不太一樣的。

講者試圖表達為什麼會得出這個結論，歷經辛勞的重點是在哪裡。的確，在得出這個結論前確實可能歷經千辛萬苦；但聚集在這個場合的人並不是來聽你訴苦，他們感興趣的是這個結論能派上什麼用場，能夠如何應用。

所謂的發表，並不是一廂情願地把想講的內容說給別人聽，而是讓別人聽到他們想要聽的內容，掌握住對方心理而做的一件事情。重要的是在發表時，如何打動聽眾的心；無助於這一點的話題與資料，應當盡可能能免則免。「這個不說不行，那個不講不行」毫無意義。以結論及能夠佐證的事實為核心，刪除多餘的內容，長話短說為上。

這個原則在商場上，不論會議中的發言或簡報都是相同的；重點不是你想說什麼，如果沒有傳達對方想聽的內容就沒有意義。

重點 2　絕對不講藉口

「對方想聽的是結論」，道歉時也是相同的道理。

比方說，約定的時間遲到了，你會忍不住向對方解釋為什麼遲到。

A「很抱歉，我預定要搭的電車因為強風而導致時刻表大亂，以致電車慢點了……我現在還在想辦法找其他方式抵達，總之無法準時到場。」

但是，大多數情況下，對方對於你之所以遲到的理由並不感興趣。「因為你的遲到，活動的開始時間會延遲」這個嚴重的事實才重要，遲到的理由並不重要。

因此，不要絮絮叨叨地說明為什麼會遲到（也就是藉口），早早告訴對方開始時間延後造成的影響，以及補救的對策。

B「很抱歉，我會遲到三十分鐘。有關●●，下次再處理，今天請讓我只針對有關○○的部分說明」。

A和B說明的字數雖然大同小異，但B的說明內容**對於相關人員才是更**

有意義的資訊。

只不過，很遺憾的是也有人習慣勉強別人說明理由，「你說！為什麼會遲到？」對於這樣的人雖然不得不說明，但冗長的說明無助於平息對方怒氣，只是火上加油。因此盡可能簡短說明「為什麼」，然後便把話題轉向更有意義的方向吧！

到目前為止，曾經聽過的唯一令我佩服，覺得「太厲害了」的藉口只有一次。那是一個忘了牙醫的預約，為了重新預約而到醫院的人，對櫃台所說的理由。

「您怎麼了呢？」櫃台的人問他為什麼預約沒到時，那個患者只說一句**「我忘記了」**。

當時在場的人全笑了起來，實在是很不得了的回答。

與其汗水淋漓地編織看似合理的藉口，不如直截了當地說出真相。這才是「最佳藉口」的祕訣。

Action ㉓

開始說話前，先想一想「對方想聽的內容」。

第7章

同時提升工作品質與速度的逆向思考

仕事の質とスピードが同時に上がる逆転の発想法

24

商場上發生「最糟狀況」的有效準備方式

狀況立即好轉的「十組電話號碼」？

每天的工作總有一些令人懊惱的事。

「為什麼失誤偏偏在這個時機點發生。」

「為什麼會失敗呢？」

比方說，平時東西都不會忘記，偶然錢包放在家裡的日子，卻連續外出，重要的資料誤植等。

這一節我希望大家想想，**忍不住覺得「唉！真要命」發生令你想仰天長歎的失敗或失誤的因應對策**。

失敗×倒楣＝糟糕？

說一件以前讓我覺得「唉！真要命」的事情，當時我還在矽谷工作。Mac（麥金塔）問世那一年的夏季，我在美國的奇異公司。當時奇異（GE）公司在全美各地都有據點，從業員人數超過三十萬。我在矽谷工作時都穿著休閒的服裝上班，但當時的奇異，整體而言仍是保守的企業。那是前執行長傑克．威爾許開始大刀闊斧整頓不久前的事情。

有一次，來自全美各據點，大約兩百名左右的成員集合到紐約開會。我記得是新人工程學養成專案的一環。

當時嚴格要求，一定要帶西裝及領帶前往。

我當然遵照要求，帶了西裝及領帶。為了順便觀光，便提前幾天到紐約，結果發生了一件意外。到達紐約那一天，友人開車來機場接我，結果前往飯店的途中，車子被打劫了。我和友人一起離開車子，再回來時車窗被打破，我的行李箱不翼而飛。這個事件發生在光天化日、人來人往的馬路上，令我非常震驚。

還未習慣經常旅行的我，所有物品包含護照都放在行李箱內。因此除了要到警察局辦理手續，還要連忙採買急需的生活用品。實在是不堪回首的回憶。

但更麻煩的事情還在後面，開會用的文件及被耳提面命一定要帶的西裝也沒了。

我連忙打電話給上司說明原委，請他們告訴我如何到會場，上司幫我和提供會場的飯店交涉，借給我一套飯店人員的制服，讓我總算可以出席。不過因為和飯店工作人員穿著同樣的服裝，即便是穿著西裝出席，卻成了奇怪的與會者。

這件事帶給我的教訓是**「必要不可或缺的物品絕不能離手」**。同時也讓我學到**「除了無法替代，真正重要的事物，其他東西出乎意外地總能有辦法的」**。

當時我雖然仰天長歎「真是要命」，但如今回想起來，那並不是最糟的窘境。因為我還記得上司的電話號碼，平安抵達會場，並且勉強借到衣服可以參加會議，到紐約的主要目的全達成了。

「工作上最要命的」，應該沒有比沒達到目的更嚴重的了。比方說與人約碰面卻忘了帶手機，而且還發生意外無法前往，以致無法通知對方……這樣的情況才是「最要命」吧。

挽回要命事態的「蜘蛛之絲」？

隨身攜帶手機或平板的人大增，在外面也可以輕鬆地透過電子郵件往返得知如何抵達目的地。

上述的「必要不可或缺的物品絕不能離手」，可能很多人都會把手機或平板列為「必要不可或缺的物品」吧？

然而，**完全依賴手機或平版的話，一旦忘了帶或是弄丟了，立即陷入「最要命的窘境」**。人在外面卻無法到達預定目的地，很可能聯絡不上任何人，連怎麼聯絡都不知道。

另外，這些電子廠品一旦用久了，電池的續航力也變短，是電子廠品的缺點。正因為隨時可以聯絡，因此當發生什麼意外而聯絡不上時，就成了致命傷。

萬一沒有手機或平板，**至少還可以聯絡的重要電話號碼（工作地點或居住地、老家等）要牢牢記住**，這樣可以避免發生最惡劣的狀況。

手機普及以前，人們可以記住十組上下的電話號碼，然而現在甚至有人除了一一〇及一一九，連自己的電話號碼也背不起來，實在令人吃驚。

我當然也在手機裡使用通訊錄管理電話，但頻繁使用的號碼，則是打開通訊錄，自行輸入號碼再撥出去。

剛開始有點緊張，但一再重複的過程中，就記住號碼了。

想像一下，萬一在國外遺失護照、外出時無法使用手機、平版等各種情況的「最糟狀況」，然後平時就先想好如何因應這些情況，將會對你有所幫助。

Action ㉔

先記住緊急時要打的兩個電話號碼吧！

25

逆向思考
「怎麼做才會失敗」

防範失敗的逆向思考法

沒有任何一個人想要失敗，因此我們才要「學習失敗」，以防範未然。一般而言，談到「學習」，總是指「學習通往成功的道路，依循成功的道路前進」。

每一個科目的學習也是如此。好比數學，學習遇到問題時，如何建立公式，如何計算得出解答；國語則是節錄文學作品的一部分，反覆閱讀，思考角色的內心活動，想像情景；外文則是先從語言的應答，學習把同一個概念如何以不同的規則來表現；歷史從史實學習教訓；科學則是學習用數學公式表現世界現象。我們就這樣透過九年義務教育，以及七年左右的高等教育，在班級、學年、學校，學習了團體行動準則，學習該怎麼做才適合在這個社會生存下去、多少對社會能有所貢獻。

這個學習法，思考方式總是以「思考如何正確回答問題的方法和手段」來運作。題目是別人給的，我們只要學習如何去解題即可。我們不會去思考發生什麼狀況時，會讓我們無法解開難題，也不曾思考從一無所有的狀態發掘問題。

然而，這個世界並非任何事全然是依照這種思維方式可以掌握的。以為準備周全、完善卻失敗，失敗往往是發生在「意想不到的事情」上。在過去不曾思考過的地方，突然出現「意料之外的問題」，因為無法正確地應對，最後以失敗收場。

這樣的說明或許有點難以理解，我以駕駛汽車為例來說明。

假設你向來很遵守交通規則，總是小心駕駛。交通規則是為了避免發生事故而擬定的，所以，這可以說正是「學習＝為了避免失敗」。

然而，就算遵守交通規則，也未必能保證不會發生事故。搞不好其他車子突然竄出來，或是方向盤操控產生失誤，這些失敗並無法透過交通規則來預防。

沒錯，也就是說，我們**一般所進行的「學習」形式之「失敗對策」，能夠防範的失敗非常有限**。

如何預估及管控意料之外的失敗？

就如我前面說過的，工程學領域中，即使一點失敗都會引起極大的災難。因此在這樣的領域，絕對要避免「無法預料的失敗」，這裡，有一個方法。

準備一張紙，在上面寫下「不希望發生的狀況」。

以前面的汽車駕駛為例，大概可以寫下：

- 撞到人
- 撞到其他車輛
- 撞到建築物

然後再寫下**做了什麼事，會發生這些「不希望發生的狀況」**。

比方說「撞到人」，盡可能想一想發生什麼事情時，會導致開車撞到人。除非原本就異於常人，否則一般人平時大概不會去想這些事情吧？

接著，開始思考避免開車撞到人的方法，就能消除失敗的根源。

這種思考方法由於寫下失敗的形式就像是把樹倒過來，因此也稱為「故障樹分析」（Fault Tree Analysis）。這是為了分析自己所設計的商品、製造方法，是否存在問題而常用的方法。

當一方中止交易……這種時候，該怎麼辦？

把這個方法用來套在一般工作上，試試看吧！

比方說，試著想像一下，要外出和重要客戶開會的情況。

這時最嚴重的失敗，大概是「打壞關係」吧？好不容易建立起來的關係，因為你發生什麼失誤，導致對方提出中止交易的情況。

那麼，想一想：做了什麼會破壞你和客戶的關係呢？可能會想像出以下的種種負面狀況。

- 你做了使客戶在業界處於不利的狀況。
- 開會放對方鴿子，事後也沒有聯絡。
- 勉強對方接受只對你公司有利的條件。
- 交貨品質很差。

透過這樣的思考，列出所有的因素，並且進一步思考可能造成這些因素的狀況，以及各項情況發生的機率；如果有極高的發生機率，則摧毀該項因素，這才是「故障樹分析」的目的。

若是感覺你在客戶心中的優先順位下降，就要盡快重新檢討，也會了解不該一味地要客戶接納你提出的條件。

像這樣，藉由一項一項仔細的檢驗，應該就能和客戶長久建立的良好關係吧？

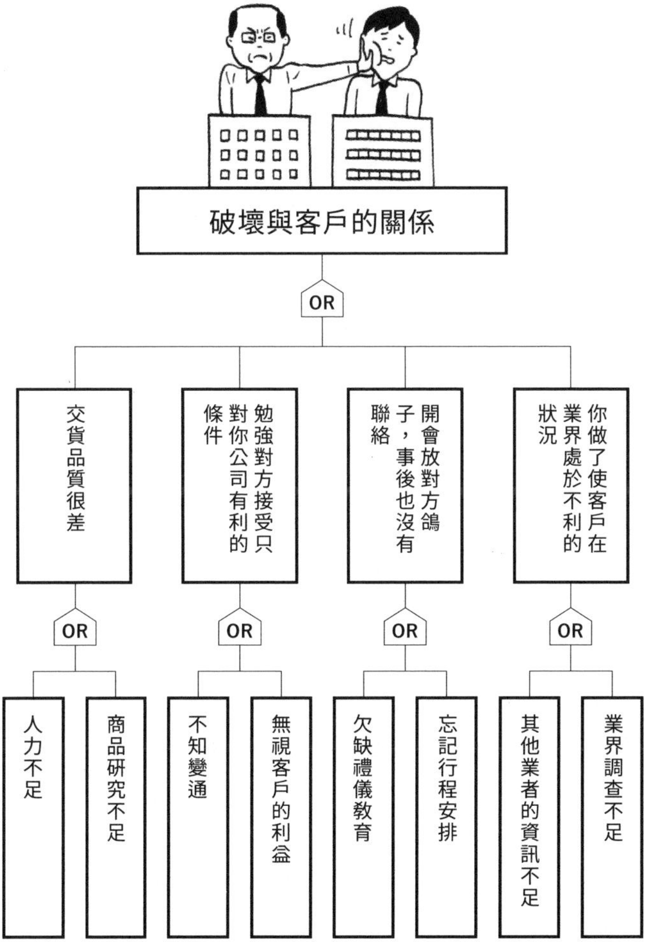
破壞與客戶的關係
OR
交貨品質很差
勉強對方接受只對你公司有利的條件
開會放對方鴿子，事後也沒有聯絡
你做了使客戶在業界處於不利的狀況
OR
OR
OR
OR
人力不足
商品研究不足
不知變通
無視客戶的利益
欠缺禮儀教育
忘記行程安排
其他業者的資訊不足
業界調查不足

改變觀點找出的「疏漏」是？

真有可能「不會發生任何失敗」嗎？

「故障樹分析」能夠從失敗發生的結果來分析現況，所以是檢討平時工作的態度或失敗對策一個很好的契機。

但一方面，很遺憾的是——不論任何失敗對策，都不可能因為採取這個方法就萬無一失。因為這個方法，**不論怎麼徹底去思考消極要素，其可能性都受限於分析者的知識及思考範圍**。

因此，我們為了要能巧妙運用這個方法，平時就要練習彈性思考，**有必要預先思考「怎麼做才會失敗」、「會產生什麼樣的失敗」**。

這看似是一個往壞處想的思考建議，但真正極少失敗的人，從平時就像這樣，經常抱著「逆向思考」的角度。

Action ㉕

反過來想想「怎麼做會失敗？」

26

「正面扭轉」事實

徹底切斷失敗的連鎖效應

前面已說明許多關於提升工作效率、減少失誤的方法。不過，光是這些方法還是無法完全順利達成目標。並且，因為受到失敗的影響，之後更加窒礙難行……像這樣令人灰心喪志的情況可能也會發生。一旦落到這個窘境，簡直令人不忍卒睹。

這一節要談的是，**如何切斷這種失敗的連鎖效應**。

巧妙從失敗中重新振作的方法

最好的方法是**從確實檢討失敗，迅速重新振作**。換個說法，要是身旁有人失敗了，協助他振作起來，就是防止下次失敗的積極做法。

但是，要讓一個人振作起來並不簡單，有時一旦覺得別人在安慰自己，反而變得更加消沉。

這時候能發揮效果的，是**把失敗的事實扭轉為正面的思考**。

例如，同事向你訴苦，「今天我被經理罵得超慘。雖然找錯錢是我的疏失，但也不必罵成那樣吧？我覺得超丟臉，在休息室哭了一陣子。」

你會怎麼回應呢？

「經理一定也有什麼他的無奈吧？畢竟是壓力很大的工作，搞不好他被社長罵營業額太差呢！不過，多虧你的關係，讓他能出氣發洩壓力，我想他心裡應該很感謝你。只是他無法在其他員工前說感謝你。

只不過你現在出錯的時機不湊巧，站在經理的立場，他不得不做這些，也是挺可憐的，是你救了他呢！」

「這種時候，導致失去一個顧客才是最糟的情況不是嗎？負責應對顧客的經理常會採取這種做法喔！剛剛的客人沒有大發雷霆而忍了下來。為了避免顧客不高興以後再也不上門，經理代替客人發火，這麼一來，客人氣也消了，甚至會覺得『有需要罵成這樣嗎？真是對那位員工過意不去』，以後還願意再上門。

所以經理不是真的想發飆，而是做給客人看的花招。而且，要是告訴你那只是花演戲，又像是在找藉口，太沒面子所以才講不出來的吧？不需要在意。」

這些說詞，**都在告訴對方，也有因為失敗而發生的好事**。對於自己的失敗，因為罪惡感或許難以說出口，如果是打算安慰對方，應該可以想得到一些說法吧？

像這樣，平時就先練習「安慰他人的說詞」，萬一輪到自己發生類似狀況時，就不致於消沉過度，能夠從正面的角度來看待。

可以不甘心，不要消沉，這才是一流的失敗對策

失敗的時候，覺得不甘心是一個很重要的心態，但並不需要消沉而灰心喪志。因為你必須盡早恢復因為失敗而造成的影響，重振精神往前邁進，沒有時間沮喪。

前面說過，「有些組織常做事手忙腳亂而連連出錯，有些『高績效組織』則總是臨危不亂，再怎麼忙碌也不會發生失誤」。

沒錯，高績效的組織，無論再怎麼忙碌，即使有人犯了失誤也能迅速應對，各就各位，及早邁向下一個步驟。

要把組織培養出這樣的實力，不妨先從周遭發生的失誤，以正面態度去解讀的練習開始吧！這麼一來，萬一你犯了疏失，也能迅速朝積極的方向重新振作。

你也能成為把組織氣氛迅速切換為積極正向的氣氛營造者。

組織若有這樣的氣氛營造者，不論面對什麼樣的失敗都能重新再站起來，成為不斷往前邁進的「高績效組織」吧？

Action 26

對於失誤，大膽地以正向眼光去積極面對。

27

發現行不通時，就毅然決然放棄！

大家所不知道的「成功者條件」是什麼？

無論你如何努力，總會有「唉，這或許行不通了」的時刻。這種時候，該怎麼做才適當呢？可以大致分為三種對應方式。

①不放棄而繼續努力
②稍微調整目標再觀望一段時間
③毅然決然放棄，設定下一個目標

想一想：你認為究竟該採取哪一個對策，才能帶來更好的結果呢？

成功的原因是「不顧一切地努力」？

紀綠片採訪節目或傳記介紹的成功經驗，常會出現「當時因為我堅持不放棄而繼續努力，最後終於達成目標」。或者是成功的上司表示：「因為不厭其煩地一再嘗試挑戰，我心想要是能達到成果的話……於是就決定賭上公司的命運。」

的確，「成功人士」總是一再跨越挫折，才能得到今天的地位。

不過，這些人都是採取上述①的態度——也就是「不放棄而繼續努力」，因而獲致成功嗎？

我並不這麼認為。

我始終覺得採取②的做法，稍微調整目標再觀望一段時間的人，才能真正獲得成功。

客觀來看，多數成功者並不會**「不顧一切地努力」**。即使努力奮鬥，也要冷靜地檢視是不是符合自己的方向？是否還保有可能性。

然而，一一解釋不但麻煩，而且社會上更傾向認同「不顧一切努力」是一種美德，所以才會做出符合①的發言吧？

是的，也就是說**「無法順利」時，光靠一味努力是不行的**。

這才是大家都不說出口的「成功真祕訣」

某件事進行不順利、怎麼做都失敗的時候，一定在某個地方出現了問題。事實上，能夠掌握成功的人，即使看起來只是持續不斷的努力，他們對於「問題點」的敏感度也都很高。

因此，他們能捨棄對做法的執著，專注在解決問題上。退一步從其他角度檢視自己的企畫、換個觀點重新思考，就能看見豎立在眼前的障礙。只要能跨越這個障礙，就可能意外地達成目標。

一再失敗的事情希望能夠成功，需要的是「小小的放棄」；即使放棄，先前所做的努力也絕不會白費。

讓「有意義的堅持」達到成果的方法

如果轉換觀點，或小小的放棄也無法順利進行時，就只能重新思考目標了。話雖這麼說，並不是全部放棄，而是先把當初目標的一部分——將達成目標的小任務重新設定為目標，達成這個小任務之後，當初設定的目標就會出現在眼前。依循這樣的結構，就不會偏離目標。**透過一一確實達成小小的目標，更能清楚看見下一個目標，以及前方原本等待的目標**。

不過，這時候重要的是不要弄錯「小任務」的設定。就如同一四六頁介紹的，如果不把目標正確地分項成「小任務」，通往未來成果的結構就很容易到處坑坑疤疤。

如果切割「小任務」，重設目標還是無法順利達成，還是先向經驗豐富的專家尋求解決的方法才是聰明的。

Action 27

怎麼做都無法順利時，就果斷放棄。
毅然決然的果斷力也是必要的。

第8章

如何打造「適用個人的工作術」

「自己流・万能仕事術」のつくり方

掌握適用個人工作術的訣竅

透過四個分類，找出妥善的因應對策

二到七章，運用實例闡述，如何同時提高工作效率及避免失誤的方法。就像我們在日常中發生的失誤種類數也數不清，希望你能了解因應對策也依失誤種類而有所不同。

也許有人認為「這本書介紹的內容已經很充分了」，但相對的，可能也有人認為**「幾乎沒有能夠提升我的工作效率及防範失誤的內容」**。

倘若你屬於後者，那就**只能靠你自己，「打造個人適用的工作術」**。這一章，要介紹的是更加倚重從失敗學的觀點，「掌握零失誤、工作俐落的訣竅」。

因為不知道而引起的失敗，真的無法避免？

本書所闡述的失敗或疏失，可以大分為兩種，就是**「知道而引起的失敗」**，以及**「不知道而引起的失敗」**。

先看看容易了解的「不知道而引起的失敗」，例如一四六頁中，介紹了因為無法獲知必要資訊而引起的失誤訣竅。引起這類失誤的原因，又可以分為「學習不足」與「溝通不良」。

所謂「學習不足」，一如字義，指的是應該知道的事卻不知道而導致無法成功的案例。

假設有人想要從事股票買賣，通常會有這個念頭的人應當在某種程度上學習過經濟或股票的研究，但沒有學習就直接一頭栽入的結果，導致賠到叫苦連天，這就是顯而易見「學習不足」的例子。

其次是「溝通不良」，比方說主管要求部屬製作資料，但部屬卻會錯意以致搞錯截止期限，或是弄錯內容等。**結果部屬便是因為溝通不良以致沒有得到必要資訊，使得工作無法完成**，這個失敗的原因也可以歸類於「不了解」。

遇到這種情況，很多人只曉得責怪部屬，其實這是雙方的問題。主管認為理所當然而沒有傳達的事情其實非常重要，部屬沒有確認的事情，其實正是工作的關鍵。

我們很容易就認為「事先不知道所以沒辦法」，但經過這樣的分析，相信你應該了解事實並非如此，對吧？

不論學習不足或溝通不良，都有著「不能斷定是無可奈何的背景」，以及「防範失敗的做法」。因此前面才會介紹，針對即使「因為不了解而造成失誤」，也有防範的訣竅。

「不知道」並不是失敗的免死金牌。

知道卻失敗，是因為不夠努力？

接下來，針對「知道而引起的失敗」來想想看。

前面介紹的例子中，比方說一二七頁的「工作量管理法」，可以說就是防範「明明知道卻發生失誤」的典型應對案例。

再舉其他例子來說，無法達成銷售業績、參加比案卻落選、來不及在約定期限內完成、以為做得到結果卻未能達成等，可以說就是符合這種情形。

加以分類的話，可以分為「作業不足」、「計畫不良」、「管理不良」、「能力與經驗不足」等，這些雖然都可以個別進一步檢討，這裡全部歸納為**「計畫不良」**。

這是因為，不論作業不足或管理不良，或是能力不足，追根究柢，都可以說是「沒有確實擬定計畫」。如果從一開始就能擬定計畫，「需要這些作業，所以決定這個時間完成吧」、「我的能力大概能做到這裡，其餘的就委託別人幫忙吧」，然後再按照計畫去執行，就不會發生「作業不足」或「管理不良」、「能力、經驗不足」的問題。

「明明知道卻失敗了」很容易與沒有工作能力的印象產生聯結，事實並非如此。日常的工作牽涉許多形形色色的因素，發生失敗時也是同樣的狀況，**因為牽涉到多重因素，所以就算熟知的事也無法防範失敗**。而且，**「為什麼這件事會以失敗告終」的分析，也很容易只看到其中一面**。

更何況，其中還牽扯到公司內部的人事或人際關係等人們主觀因素，導致失敗真正的因素隱而不顯，就更不明白究竟該採取什麼樣的對策了。

「不小心犯錯」可能發生在任何人身上？

另外，把失誤分為「知道而引起」與「不知道而引起」的區分方式，其實遺漏了某種情況的失誤。那就是「不夠專注而引起的不小心犯錯」，了解或不了解都有可能「不小心犯錯」。

知道卻「不小心犯錯」，包括忘了約定、把錢包放在ATM忘了帶走等；

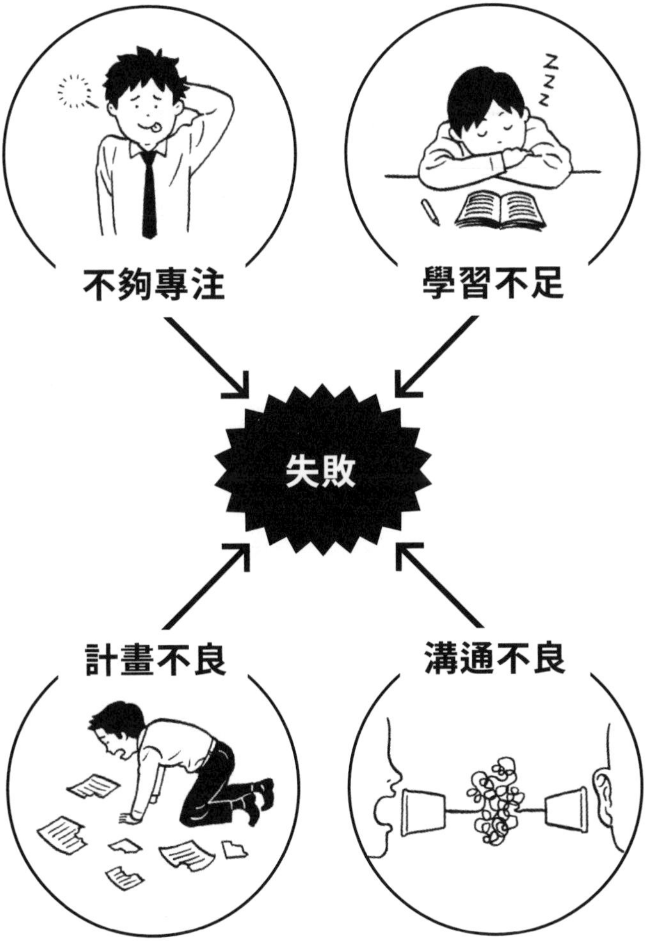

失敗的原因可以大致區分爲四類

不知道而「不小心犯錯」，則包括撞到突出道路的招牌、填寫文件時的遺漏等。

換句話說，**因工作而引起的失敗，就「不夠專注」、「溝通不良」、「計畫不良」、「學習不足」這四項因素來分析，然後去除這四項原因的話，就不需要再擔心與個人相關的失敗**。

事實上，從第二章到第七章所介紹的個別失誤對策，就是依照這一章的分類，若是你能從這個觀點從讀一次，應當能有新的發現。

因為「不夠專注」的有效對策？

消弭鬆懈而「不小心犯錯」

接下來，我要整理上述四項「失敗原因」的對策重點。首先是針對「不夠專注」的對策。在第一章我曾提到，光說「以後我會小心」不會有任何改善。那是因為**如果不了解該小心謹慎的時機，人類的專注力無法持久**。

因此，採取的對策時，思考「提醒這裡就是關鍵時機」的機制非常重要。

而且，不是靠自己一個人，而應該盡可能借助他人的力量。這裡所指的他人力量，顧名思義就是指**他人與機械**的力量。

防範「疏忽時間」的訣竅

因為不夠專注而常犯的一個失誤，就是「沒注意到時間」。為了防範這個問題，最好的辦法就是**在那個時間收到通知**。

例如，預定和比你更擅長行程管理的人一起行動時，拜託對方「麻煩你出發前十分鐘打電話給我」，應該就能防範不小心的失誤。

不過，這種「拜託別人」的方法，也不能隨意地持續濫用。被你拜託的人因而必須負起很大的責任，也有可能妨礙對方原本要做的工作。而且，對方可能因此認為你是一個「不靠別人提醒，就無法遵守時間的人」。

因此，更有效且簡單方便管理時間的方法，是仰賴工具或機械。寫在記事本、便條紙或設定鬧鐘等各種方法。

借用工具力量，**能夠更具體認知預定計畫**。比方說，「下午外出」的念頭，如果能寫在記事本上，或是設定鬧鐘，記錄「下午兩點到東京車站」，對於時間及地點的認知就能更增加具體性。**更具體掌握你的預定計畫**，有助於防止「不小心遺忘」。

不要輕忽，認為「我一定能記住」、「時間到了我就會想起來」，而是該防止萬一不小心遺忘的可能性，這樣的意識才是預防失誤的關鍵。

防備「作業的疏失」

另外，需要專注力的工作還有「資料輸入」及計算等。

手寫或印刷的資料，輸入電腦的工作，或是處理其他人所寫的資料等工作，很容易發生看錯數字或輸入遺漏的失誤。

事實上，矽谷為了防範這一類的失誤而設計了一個「機制」。藉由ＩＴ技術的力量，全部以機器來處理。然而，在日本還無法完善運用這個系統，仍然仰賴大量人力來負責輸入或計算的工作。若說**日本因為ＩＴ技術落後而使競爭力愈來愈削弱**並非言過其實。

話雖這麼說，既然是被交派的工作，就不能不做，因此有關這類容易發生「不小心失誤」的作業，不妨參考我介紹的雙重檢核及檢核清單的做法，想一想如何設計一個適合你的「機制」。

不會因為「不夠專注」而失誤的人有什麼共通點

如同上述，要消弭因為「不夠專注」而發生的疏失，可以說關鍵完全在於**「應注意的時機」和「雙重檢核的品質」**。

某家鐵路公司曾發生過維修人員不小心忘了上螺絲，導致集電弓勾到電車線引發停電問題的騷動。

據說，那一家鐵路公司的改善方式是準備能夠讓螺絲垂直立起的特殊工具箱，作業前只在箱子裡放入需要的螺絲數量，更換下來的舊螺絲同樣直立放在一旁。這麼一來，螺絲更換狀況就能一目瞭然，不再發生大意而忘了螺絲的狀況。

當作業結束時（＝應提高警覺的時機），只需確認新螺絲全部用完，舊螺絲全部立起（＝高品質的雙重檢核），就不致於發生失誤。

人類是慣性動物，對於習以為常的作業容易產生惰性，導致注意力衰退。

因此應該思考的是**「即使作業產生惰性，注意力衰退也不會產生失誤，應該要設計什麼樣的機制」**。或者是**「該怎麼做才不會讓作業產生惰性」**。請你也不妨找出適合喚醒注意力的方法。

無論資訊多麼暢通都無法讓「溝通不良」消失的真正原因

我們被「常識」與「經驗」束縛住了

電視還是黑白的時代，曾經很流行比手畫腳的猜謎節目。參加比賽的隊伍各派一名代表，根據題目以肢體語言來表現，各隊成員再根據他的動作來猜出題目。現在偶爾也會在電視上看到這樣的節目。

猜謎節目沒猜對能引人發笑，但工作上則必須正確地把訊息傳給對方。一定要防範部屬接收到的指示和主管下達的指示不同等誤會。

讓進行溝通的雙方所說的內容確實吻合，是防範「溝通不良」的基本解決對策。

溝通時絕對不要心存「理所當然」

防範「溝通不良」其中一個條件是，必須理解「內隱知識」（tacit knowledge）。

這個詞彙，日本多數都使用在「還未形成文字語言的知識」（野中郁次郎教授），但匈牙利的麥可・波蘭尼（Michael Polanyi）則定義為「無法以文字語言表現的知識」。

內隱知識是指，少數人在做某件事的行動中，所擁有的知識會反覆確認，然後形成該團體「理所當然的知識」。因為是「理所當然的知識」，所以沒有必要特別以文字語言去表現。

如果都是同一批人從一開始就一直進行同一份工作，當然不會發生問題，麻煩的是當這個團體有新人加入的時候；**「理所當然的知識」原本多數就難以使用文字語言表達，很難一一傳達給新人**。

另外，對一開始就已經參與的人來說，是很理所當然的，因此不會覺得必須特別教導新人。這時若有介於中間的人——過去也是中途加入這個團體，因為不知道內隱知識而有過痛苦經驗的人——就能細心地給予教導。

為了強化組織，野中教授主張：**一定要把「內隱知識」徹底轉化為「外顯知識」**。

日本企業昔日因為成員變動不大，員工有如家族成員般，因此運用內隱知識，有效率地拓展市場。然而，當企業走向國際化，同時為了削減成本，人員的流動勢在必然的今天，知識若是無法明確地以具體文字來共享，就可能會發生內部資訊的落差，產生失誤而在嚴酷的競爭中敗下陣來。

防止內隱知識造成的「溝通不良」方法，只能在看得到的時候寫下來轉化成「外顯知識」，但處在今日資訊爆炸的時代，已經不再採取一般的備忘記錄形式。

因此，就需要在備忘及操作手冊下工夫。

依循這個原則來思考的話，是否就能了解如何去思考防止「溝通不良」的訣竅。

結果到底想傳達什麼，是一切的關鍵

話說回來，企圖傳達給別人的內容，最重要的究竟是什麼呢？是巧妙地說明？還是令人印象深刻的遣詞用字？不，都不是。我們總是在不知不覺中把「傳達方式」及「遣詞用字」當作焦點，但**重要的是以文字語言要表達的「內容」及「概念」**。

如果光是把目光放在「傳達方式」及「遣詞用字」，當表達不成熟，或是詞語的解釋謬誤時，就直接釀成「失誤」、「失敗」的因素。

因此，確認內容及概念時，即使比對方所使用的言詞程度低，或是詞彙不夠充分，養成**「不要直接引用對方的詞彙，轉換成以自己的方式來表達」**的習慣很重要（一四六頁）。**光是改變表達的方式，就可以立即確認是否有誤**不是嗎？

防範「學習不足」，讓自己努力的方式

怎麼做，才能產生想學習的心態？

我們都有慢性學習不足的毛病。其中一個原因是**這個社會變得多元有趣，花在娛樂上的時間大為增加**。

就連小說、電影或表演等有趣的事物，也不斷入侵我們的生活，令人目不暇給，甚至連令人感動的文藝作品，也讓我們「過目即忘」，轉瞬就成過眼雲煙。

我在童年時期，歷年的奧斯卡作品是哪些電影獲獎、日本唱片大獎是由誰取得，幾乎都能如數家珍，如今，卻連去年的得獎作品是什麼都不記得。

連娛樂內容都記不住了，既非自己的興趣，也就是必須努力用功的事物，就

更加困難了。

學習最好要有「不良動機」

因此當我們要學習必要的新知識時，應該要怎麼辦呢？說得極端一點，就是必須**為學習加上動機，費心讓學習變得有樂趣**。

比方說，我因為使用英語如同母語，因此常有人找我商量有關學習英語的問題，這種時候最建議的學習方式，就是「交一個母語是英語的男朋友或女朋友」。如果是已婚者或是因為什麼因素而無法做到這一點時，則會建議「找出喜愛的電視節目」。

電視節目中尤其是喜劇，發音清楚而且語速較慢，很適合用來學習語言。

採取這樣的方式學習，不論是就賦予動機，或使學習變得有趣的層面來看，都能解決問題，想必能讓英語琅琅上口。

同樣的，在培養基礎學力方面，不論是會計知識或技術方面的知識，都只能自行賦予動機來學習。

克服學習不足的問題，從長遠的目光來看，能提升自身體力與知識能力，成為自己的養分，希望各位不論到了幾歲，都能持續保持學習的態度。

到頭來，「計畫不良」才是一切失敗的導火線？

好計畫才能帶來好成果

我們的生活是由一連串**「訂計畫、照計畫行動，然後得到結果」的流程而組成**。接受結果，再擬定新計畫、採取行動、獲得結果的循環，在商業活動中稱為「PDCA 循環」（Plan-Do-Check-Act）。

小規模的循環，舉例來說我現在使用電腦寫稿，為了將腦中浮現的字句輸入電腦，在鍵盤上打字，看到打好的文章，文字變換有錯誤時，使用倒退鍵刪除文字，然後慎重地重新輸入。這一個小小的循環重複數次後，我的原稿就完成了。

規模稍微大一點的循環，則是和責任編輯透過電子郵件交換意見，確認一些

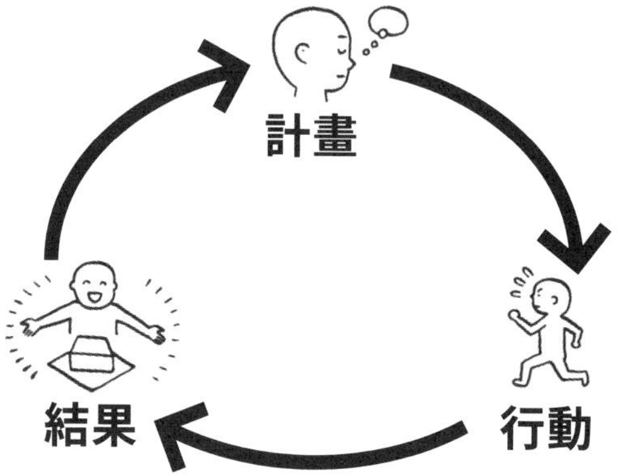

執行事物的循環

說明不容易懂的部分，有時則是在責編的鼓勵下修改原稿。

更大規模的循環，則是開始寫書之前的階段，由編輯提出出版的提案，我也認同「原來如此，針對個人失敗的主軸來寫，好像很有意思」，然後安插到自己的預定計畫，希望能如願寫出暢銷書，然後根據這個「計畫」，現在正「採取行動」。

我所持有的最大循環，是希望聽到讀者告訴我，「這本書對我很有幫助」。要是能得到這樣的回饋，我的人生必定會更充實。

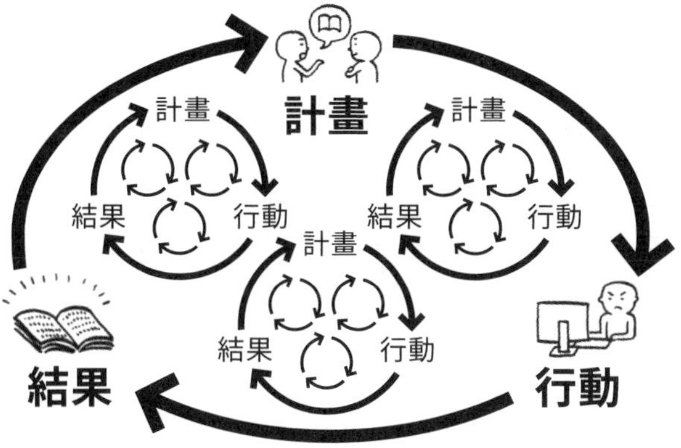

小循環組合而成爲大循環

我們就像這樣，在生存的每一天，都處在自己所持有的最大循環中，在重複其中稍微能產生功能的小循環中，為了實現各個小循環，再重複數次更小的循環，就像俄羅斯娃娃一個套一個般，重複著發生與消失而不斷循環。

這時若是計畫弄錯，行動當然跟著錯，也就會發生並不希望發生的後果。為了防範計畫不良，**沒有任何一件事比「擬定精準的計畫」更重要**。

「我的想法太天真了」完全稱不上反省

但我們常在計畫錯誤的時候，自我反省「想法太天真了」。

但是，這樣的反省永遠無法提升擬定計畫的能力。因為**具體來說，究竟是什麼部分太天真，沒有進行任何分析**。

失敗的時候，如果沒有確實進行分析，就無法從失敗中記取教訓。

兵法中曾有「知己知彼，百戰不殆」一詞，這是出自西元前五世紀左右，中國的兵法書籍《孫子兵法》中的一句話。

把文中的「彼」以競爭對手來思考，更容易理解。不過，放在市場、消費者、國際情勢等情況也十分吻合。所謂的「己」，除了自己本身，也包括部屬、同事、承包商等擁有共同目的，針對同一目的而協力合作的人。

「想法太天真」，可以說是低估了對手，而又過度高估自己。

當我這麼一說，可能有人會表示，「既然這麼說，要克服計畫不良，就只要高估對手，並且低估自己就好了對吧？」

確實，若是只有一個目標的話，這樣或許有效吧？把戰勝假想敵的難度設定得更高一點，擬定萬全對策，全力以赴面對。但事實上卻不太可能，我們通常會有好幾個目標，有的會實現、有的會失敗，我們因此一再地樹立新目標，不斷不斷努力。**運用有限的資源（時間、勞力、協助者），非達成目標不可，因此必須確實衡量自己與對方的實力，然後擬定計畫。**

不知道就虧大了的「通知單」思考

為了在這樣的環境下沒有失誤地做出成果，首先，我們要經常保持正在進行「計畫→行動→結果」的自覺，然後在擬訂計畫時，不要只是「打算做〇〇」的模糊念頭，而是**思考「在某個日期以前，能發揮多少擁有的能力去執行」**。

只不過，這個階段在擬訂計畫時，不能把擁有的時間與體力完全分配給工作。與他人的交往、自身的嗜好、陪伴家人等，必須花費的時間與精神，也得確實列入計畫中考量。

而且，當計畫無法如預期執行時，不是僅會氣餒地說：「唉，真遺憾！」而是**逐一反省計畫什麼地方有錯？資源分配什麼地方有誤？是否誤解對方的什麼想法等等**。

態度就像是寒暑假前從老師手上接過「通知單」。計畫或資源分配是否適當？評分的理由，請一項一項確實檢討。

能夠繼續這麼下去的話，接下來擬訂計畫就能更順利，即使沒有特別刻意去訂計畫，事物的進行也都能變順利。

自我風格的訣竅才是最高明的工作術

研擬自身工作的「傾向與對策」

因為「不夠專注」而引起的失誤，訣竅是不要認為那是你個人的問題，而是去找出克服的方法，這個社會有許多便利的工具。

「溝通不良」引起的失誤，是因為有需要溝通的對象才會發生，思考如何防範的訣竅時，嘗試站在發送訊息者及接受訊息者的角度去思考，非常重要。

防範「學習不足」所引起的失誤，是「腳踏實地的努力」。為了避免努力變成一件苦差事，下工夫讓自己能夠樂在其中。

「計畫不良」而引起失敗時，究竟是哪個點太輕忽了，務必追根究柢。

這麼一來，就能打造出「你是菁英」的印象

從這四個角度，養成對於生活周遭所發生的失敗或失誤，擬訂對策的習慣，即使二到七章介紹的「失敗對策」無效，**應該也能擬訂適合自己的有效對策**。

這麼日積月累而養成的「失敗應對能力」，不論身處什麼行業，而且不僅限於工作，對於生活的各個層面應當都有所助益。

工作上絕對沒有失誤的人。

能夠有效率完成工作的人。

與人有約絕對不遲到的人。

就算只是口頭約定，答應的承諾必定會遵守的人。

你若是能打造出這樣的形象，他人對你的信賴就會不斷加深。把不失敗的能力，**成為管控你人生的「人格力量」，期盼你能加以靈活運用**。

第9章

在最短時間內達成自我實現的工作方法

自己実現を最短でかなえる仕事の取り組み方

開始新工作時與「失誤」相處的最佳方式

平時的工作能持續獲得正面評價的訣竅

前面，我介紹了許許多多「沒有失誤而有效率的工作訣竅」。不過，在挑戰嶄新的事物時，任何人都有可能犯下失誤或失敗。世上不存在百分之百不犯錯的人。

只不過，很多人因為失誤而評價下滑；但其中也有人讓失誤反而成為正面評價，所犯的錯形同一筆勾消，也就是**讓危機化轉機**。

作為本書的收尾，我們一起來想想看，如何把犯下的失誤或失敗產生加分作用。

掌握在最短期間迎向成功的方向

坦率地承認失敗！

要讓失誤產生加分作用，最重要的就是坦白承認現狀。

一開始不認錯，就會開始在內心把失誤合理化，**對他人說明以前，開始對自己編造藉口**。

再也沒有比這個做法更負面的思考，當發生任何失誤時，一開始該做的事情，是防止失誤的傷害擴大，然後是收拾發生的失誤，接著就是盡可能避免失誤重複發生。然而，**當思考轉向將失誤合理化時，應有的後續處理就此擱置不理**。

尤有甚者，在負面的合理化過程中，開始把責任推給他人或環境。

然而，不論如何把失誤合理化，把責任推卸給他人或環境，週遭的人冷眼旁觀，對於責任在誰身上，早就心知肚明不是嗎？是的，包括這種為自己合理化的行為，都會使他人對你的評價更低。把能量使用在貶抑自己，比什麼都愚蠢。

而且，把目光焦點放在自己內心的話，失敗的責任究竟是否在自己身上，自己應當最明白。

在這樣的情況下，即使想方設法怪罪別人，心理上仍不免覺得「對他人有罪惡感」。

更好的做法，是**即使對方多少有錯，勇敢負起責任，之後才能有自信，覺得自己更加成長，心胸開闊更能想出好的對策**。

首先是坦白認錯，承認自己的失誤，這點才是重要關鍵。

為什麼總是忍不住「找藉口」

話說回來，我什麼失敗時，我們總是拚命找藉口開脫呢？

我認為這是任何人都有的積習，從童年時期就養成的毛病。兒童的世界幾乎沒有任何生產性的活動，「吃飯、睡覺、玩耍」就過了一天。換句話說，彷彿是為了玩而活著，到了某個年齡後，玩耍則變成和其他小孩的勝負競爭——也就是遊戲的輸贏。

遊戲的失誤會導致落敗，輸的時候會覺得不甘心。因此，就形成了**「失誤＝輸」的方程式，這個想法就深深烙印在腦海深處**。

沒有人願意承認自己失敗，尤其卯足全力競爭時更是如此，當根深柢固認為**「失誤＝輸」以後，即使長大成人也不容易承認自己的失敗**。

另外，認為**「失誤＝汙點」的想法**，也會致使我們無法坦白認錯。尤其是當失敗令自己不利也就算了，對他人也會造成不良影響的汙點，誰都不想扛這個責任。

因此，人們會企圖裝作這件事沒發生，沒辦法時就堅稱自己沒有責任。

能夠認錯而成長的人，以及不認錯而不斷掙扎的人

那麼，認為「失誤＝輸」及「失誤＝汙點」，無法認錯，難道是人們無法避免的命運嗎？答案是否定的。

在里約奧林匹克運動會奪得金牌，達成三連冠成就的尤塞恩・博爾特（Usain St Leo Bolt）短跑選手，曾在美國的熱門脫口秀節目《艾倫秀》中，和當時仍然九歲的小網紅史密斯（Demarjay Smith）賽跑而輸了。但博爾特仍然滿臉笑容。

你曾經和比年紀小的人競爭，「故意落敗」嗎？

我想博爾特是相同的心境。因為**擁有絕對的自信，所以能把榮冠讓給弱者**。

倘若你在工作上犯了錯，不願承認而試圖粉飾太平，等於你把自己推落到和所犯的錯誤同樣等級，就像是和失誤競爭。你就和無法坦白認錯的稚子相同。

我們不應該如此，成人就要有成人的風範，**從容自在地面對錯誤**。

也就是說，當犯錯時，要思考如何建立不再犯同樣錯誤的結構，如何設法取

回失分。這才是真正從失敗中學會教訓（同時坦白認錯），真正的強大。

只不過，千萬不要只是宣誓「我再也不犯同樣的錯誤」。這是本書提醒的原則，讀到這裡的你，想必已經明白其中的道理。

失誤真的是「汙點」嗎？

而且，話說回來，「失誤＝汙點」的想法，實際上就不正確。因為只要不是出於某個人的惡意而引起的過失，**大部分的失誤從旁人的觀點來看，都不是什麼大不了的事**。

每個人都知道，只要是人，難免有失敗的時候，你只不過是因為一次失敗，沒有必要把自己看得如此一文不值。萬一真有因此貶低你的人，問題在他身上，被這樣的人看輕，不會有任何損失。

你不認為能夠抬頭挺胸，坦然承認「是我的錯」的人更了不起嗎？只要能這麼想，應當就能讓急著想找藉口的自己踩下煞車。

「坦誠」能完全抓住對方的心

乾脆坦率地道歉

不要找藉口，承認自己的失敗。做到這一點以後，對於因為你的失敗而造成麻煩的對象「道歉」。

請你想一想，假設你打破別人的花瓶，以下兩種道歉的說詞，你會採取哪一種呢？

「對不起，我打破你心愛的花瓶。」

「你心愛的花瓶被我打破了，對不起。」

這兩種說法看起來或許大同小異，但實際上兩者在道歉上的意義完全不同。前者是站在道歉者的立場，後者則是站在道歉對象的立場。

前者先表達道歉的心意。然而，請你站在道歉的對象立場想一想，對方突然對你說「對不起」，你要直到他說明道歉的理由，才知道他為什麼道歉。雖然只是幾秒鐘的時間，但這段時間，道歉對象的心情懸在半空，「發生什麼事了嗎？」內心充滿了不安。

人們在聽到對方告訴自己「事情不妙」時，為了自我保護，通常會先設想最壞的狀況。這麼一來，聽到並非設想的最壞狀況，就能安心一點。也就是說，從心理學來看，先讓對方產生不安，再表明「打破花瓶」的真相，能產生降低對方怒氣的效果。然而，**造成對方的麻煩在先，還把對方的心情玩弄於股掌的態度，就道歉的立場來說完全不及格。**

道歉時最該優先處理的事情

道歉時的重點，「站在造成麻煩的對方立場來思考」。尊重對方的心情，首先說明究竟發生了什麼事，讓對方及早掌握現況的話，就能早一點判斷之後如何對應。至於你的心情（歉意）如何傳達，可以事後再處理。

一般情況下，當你說明狀況，傳達歉意時，對方可能會問你：「為什麼？」又或是即使對方沒問，你也會主動說明原因與經過。這時候，不是說明自身的狀況「一時大意」等理由，而是盡可能從直接原因開始說明，對方更容易理解。

這些說明結束後，再次表達你的歉意。

這麼做的話，對方應當能夠理解狀況及你的心情吧？如果對方的怒氣無法平息，或許可以暫待一段時間等對方氣消。

工作不是「道歉就一了百了」

讓「失敗」的危機化為轉機

確實賠罪過後，接下來要思考的是，如何不要重蹈覆轍的結構。

前面我已經說明過，對策因發生的失敗或失誤種類而異，無法一概而論「這麼做一定比較好」。但是，思考這個結構時，有一點絕對不能忘記。

各位是否還記得，二〇〇七年發生的「船場吉兆事件」。

日本知名高級餐廳船場吉兆，先是被發現產地標示不實及竄改製造日期的事件而引起社會譁然，該店雖然力圖振作，仍遭到停業處分；但最終迫使該店走上關門大吉命運的是，發生把上過桌的殘羹給其他客人而掀起軒然大波。

幾乎在同一時期，發生了「赤福事件」，這家店則是和菓子竄改製造日期。兩家公司一開始召開的記者會都很草率，但後來他們卻走上不同的命運。船場吉兆最後關門大吉；但赤福則卻在爆出醜聞後，歷經五個月復甦，營業額逐漸恢復，至今仍然大受歡迎。

兩者都是和食品相關的事件，為什麼之後的發展大相逕庭呢？「剩菜回收」和「竄改製造日期」產生的衝擊不同或許也有影響，但我們也不能忽視兩家公司在事件發生後的應對差異。

船場吉兆的記者會上，他們彎腰致歉，訴諸心理層面地表示，「希望社會大眾相信我們今後不會再犯」。另一方面，赤福則是在社會大眾面前，公開破壞原本用來存放回收產品的冷凍設備來宣示決心，並且連內盒包裝也一併加印過去只印在外包裝的製造日期。

赤福麻糬是把紅豆餡做成貫穿伊勢的五十鈴川波浪狀，包在麻糬外面，只要一拿出內盒，就不可能再恢復原狀，因此在內盒也加印製造年月日，就如同在商品本身打上日期。換句話說，赤福建立出「絕不讓自己再犯第二次違法行為的結構」。

這和只訴諸心理喊話的船場吉兆，對於失敗後的後續作為，相差不只兩三個等級。

平時的失敗對策也是如此。不論怎麼道歉，告訴對方絕對不會再犯，也難以期待能產生什麼效果。一定要冷靜分析你的失敗，設計不會再重蹈覆的「機制」。

然後，當你再犯其他失誤時，就要再學會防範該失誤的新機制。以這樣的做法，**倘若經歷一百種失敗，你就學會一百種對策，你將成為身經百戰無所畏懼的工作達人**。

人生最大的失敗是「絕不失敗」？

不要讓對未來的恐懼左右你的人生

本書前面說明了「不犯失誤，工作要有效率」，但我也不希望你連極細微瑣碎的事項，都一一去檢視「失誤」或「失敗」。

為什麼呢？**因為一旦把太細微瑣碎的「失敗」都斤斤計較，對於新的嘗試就會感到畏懼**。「害怕失敗，以致一步也不敢踏出去」，根本違背本書的目標。

打算完成某個新挑戰時，我們會說「試中糾錯（trial and error）」。

「試＝從各個不同方向去嘗試」，重複過數次的「錯＝小小的失敗」，最後了解應該前進的方向，因而最後達到一項成果。期間雖然一再出現「錯誤」，但多數情況下，這些錯誤並不歸類為「失敗」，只不過是針對某一個目標努力的「過程」。想要達成的事物規模愈大，「錯誤」規模愈大也是必然的。

不必失敗當然最好。但是連「小小的失敗」都不容許的話，很容易變成只是一再重複做那些閉著眼睛都能做到，輕鬆簡單的事。

只是一味周而復始地重複輕而易舉的事，這樣的人生光想就覺得毛骨悚然不是嗎？

也就是說，我們充分享受人生，並且不失敗的最佳訣竅，是**即使失敗了也能立即從沮喪中重新振作，然後不斷地「試中糾錯」**。

失敗是「前方禁止通行」的標誌

不過，是否有人能夠在感覺到「失敗」時卻不沮喪呢？

不，失敗時任何人都會感到沮喪，**失敗時「胸口彷彿被壓上了千斤錘般的難受」，是人類自然的反應**。

我們的身體構造很巧妙，吃了什麼腐敗的食物會肚子痛，自然排泄對身體有害的東西。

如果沒有這樣的反應，不好的東西占據我們體內，就會衍生更加不良的狀況。人體結構其實在我們渾然不覺之際，進行保護我們的工作。

伴隨失敗而來的「難受」，和身體自然反應（腹痛）很相似。

如果這個狀況持續下去，發現很可能引起更大的失敗而覺得「難受」，就會停佇猶豫。而且當下次發生類似狀況時，就會盡可能選擇不要讓自己難受的行動（＝不會失敗的方法）。

「難受」、「沮喪」，都是身體為了避免下次失敗而發出的信號——就像「前方禁止通行」的道路交通標誌。失敗是樹立這個標誌的過程，如何靈活運用極其重要。

是把失敗純粹視作「挫折」，沮喪消沉而停下腳步，或是從中學習新的啟發，成為改變往後生活或思考的墊腳石，可以說正是一個分歧點。

透過失誤而成長

從企業培養人才的觀點，來看看吧！

長期持續的專案，很少有相同立場、能力相近的人組成一個團隊。依專案的規模而異，通常是由資深員工來領導，加上中堅幹部及資歷較淺的新人組成一個團隊。資深員工培育新人後再由新人接手，讓這個團隊能夠存續下去。

由資深的主管和經驗尚淺的部下合作時，要讓專案在最短的時間內成功，最有效率的做法，是主管鉅細靡遺地下指示，讓部下一一照著指示執行。當然，這個做法也能學習到很多經驗。

不過，若是各方面資源比較充裕，即使在某個程度失敗能有餘裕挽回時，採取「放手讓部下去做」的形式，反而能有意想不到的成長。

比方說，讓他製作PowerPoint的簡報資料，為寄給客戶的重要信件擬訂草稿等。

或者是，需要進行分析時，不直接指示方法，而是表示「我想了解這兩者之間的關係，希望你用自己的方法分析一下」。

如果部下真的做不到就一定要給予指導，**但這時若部下產生不甘心的感覺就太好了，學習之際的吸收能力將會更上層樓**。如果一開始就直接採取手把手的教導，被教的人也容易感到無趣。

何況，也有可能新人擅長程式設計，又或是精通 PowerPoint 或 Excel，在電腦軟體日新月異的今天，反而要由新人教導的情況也不少見。

站在透過失敗來培育部下的角度，自然能夠更了解部下，不但能增加與部下的交流，上司也有機會學習部下擁有的技能。

透過失敗來養成人才，也是上司學習新事物的機會。

任何事都能因為觀點的不同，形成「成功的第一步」

「時間範圍」決定發生之事的意義

停止以小單位來檢視「失敗或沒失敗」。這麼一來，**當事情發生時，究竟是否失敗，設定時間範圍後再決定就會明白**。舉個簡單的例子說明。

「仍扶著牆學步，出生一年的小嬰兒，開始放手試圖不用扶牆學習獨立行走，他踏出人生最初的第一步、第二步，搖搖晃晃地走著。父母非常開心地拍手讚美：『寶貝！你太棒了！』但小嬰兒卻連五步也走不到就摔了個四腳朝天」

單單以這一幕來看是，想要行走卻還沒學會走路的技巧而造成失敗。但，你會認為這是失敗嗎？

再過一個月，那個小嬰兒就能不用扶牆連續走一段距離。這也是從最初的一步、兩步，搖搖晃晃地一步一步學習而來的成果。

若是沒有最初摔倒經驗，小嬰兒應該永遠都學不會走路吧？**以長遠的眼光來看，摔倒也是成功的一環**。

換個角度看，想想看長大成人後的你，只要是社會人士從事每天繁忙的工作，公司的人際關係、與客戶之間的關係，或者是一般業務，必定會有犯下失誤的時候。

因此重要的是確實發現自己的失敗，並且接受失敗。這個社會上，有些人不會注意到自己的失敗，這樣的人或許不會有失落沮喪，但相對的也不會進步。

請你注意，自己所鑄下的那些令你遺憾的失敗。失敗的時候大可沮喪頹唐，短暫凌虐自己的心情，罵自己：「真是沒用！」然後就跨向下一步。

至於接下來如何克服失敗，我已經在本書中說了很多。失敗確實會影響你的

失敗也是「巨大成功」的一部分

業績或考核，當然能免則免。

不過，**當一個人克服了失敗，會有很大的成長**。不需要大張旗鼓地致歉，然後含混帶過，而是盡可能絞盡腦汁去想，如何不要再犯同樣的失敗。

這麼一來，當你有一天回顧這一切，讓你感到**「啊，當時的失敗，其實正是邁向成功的第一步」**這樣的日子必定會來臨。

高速度與高品質的工作，將成為人生至高的快樂

透過每天的工作，磨鍊創造性

工作時，「創造性」或「思考新方法的態度」絕對不可或缺。因為技術的進步，在某個層面都在不斷追趕我們，並且即將超越過去。

一如艾倫・圖靈（Alan Mathieson Turing）預測註1，從一九五〇年代形成的人工智能ＡＩ，在這數十年間電腦及網路技術令人大開眼界的發展，實現的可能性大增。現在仿照人類外形的機器人已能辨識人類情緒，並且根據讀取的情

註1 圖靈對於人工智慧的發展有諸多貢獻，他曾在《計算機器和智慧》的論文中提問「機器會思考嗎？」（Can Machines Think?）。而判定機器是否具有智慧的測試方法，稱作圖靈測試。

緒而做出種種反應及行為。

現在我們仍處於覺得有趣、興味盎然的階段，但有朝一日可能會造成我們的威脅。

過去許多人為了謀生而進行的生產活動，單調而大量生產的機械性作業，現在全委由工業用機器人。除非人們從事那些無法被機器取代，必須根據周圍狀況及時反應的作業或智慧思考活動，才能繼續在生存競爭中找到一線生機。

過去一般認為是人類特權，需要判斷的作業，今後也將被機器不斷取而代之，最顯而易見的是車站剪票口和高速公路收費站，已大為減少人工作業。

並且，日本曾宣示在二〇二〇年，也就是東京奧林匹克這一年，自動駕駛汽車這類複雜作業的機器人向全世界進軍的目標。若是公共道路概念有巨大變革，進行基礎建設改造可行的話，這項目標的實現想必指日可待。

生活在現代的人們，都必須進行某項勞動，取得對價的金錢而過日子，現在的科技繼續進步下去，人們的工作就更容易被取代。若要與機械對抗，**人們只有「創造」一途**。

機械能夠進行人類做不到的精密作業，甚至能夠演奏悠揚的音樂。但無論如何，這些都是根據某個人決定的規則，然後忠實地執行指令。即使看似隨機的動作，也一定是某個人決定的亂數編排順序。

想要對抗，就只能每一天加強自己思考、獨一無二的能力。

去做「只有你才辦得到的工作」

現在，讓我們來想想現代世界中那些坐擁高報酬的人士。在商業界，交出「創造新事物」亮麗成績單的經營者比比皆是。

我們平時常透過影像看到的那些人，也就是所謂的名人，運動選手、諧星、演員、歌手、作家、時事評論員等。他們都是靠著創造力來謀生。

你不需要感歎「我並未具備特殊才能」。

在大量生產、大量消費的社會，多數人都沒有被要求「創造力」。因此我們才會把「創造」束之高閣。**其實我們都是天生擁有創造力的**。只要不斷去刺激我們的腦袋與身體遺忘了的創造力，任何人都能成為有創意的人。

首先，不妨先從你有興趣的工廠參觀、演講、發表會、展覽會、電影、戲劇等活動開始，去體驗那些你原本陌生的世界，即使不懂也稍微思考看看；那就是養成創造力的第一步，然後就能讓你確實鏟除失敗，提升工作能力。

反過來看，**對於失敗徹底探究原因、擬定對策，也能提高你的「創造力」**。這麼一想，克服因為出包而令你鬱鬱不樂的過程，你不覺得也更有意義了嗎？我們就這樣，開始迎接新的挑戰。

（完）

JOB 009

零失誤法則

工作效率高又能不出包的人，究竟做了什麼？

仕事が速いのにミスしない人は、何をしているのか？

作　　者　飯野謙次
譯　　者　卓惠娟

總 編 輯　魏珮丞
責任編輯　魏珮丞
封面設計　萬勝安
排　　版　JAYSTUDIO

出　　版　新樂園出版／遠足文化事業股份有限公司
發　　行　遠足文化事業股份有限公司（讀書共和國集團）
地　　址　231 新北市新店區民權路 108-2 號 9 樓
郵撥帳號　19504465 遠足文化事業股份有限公司
電　　話　(02) 2218-1417
信　　箱　nutopia@bookrep.com.tw

法律顧問　華洋法律事務所 蘇文生律師
印　　製　呈靖印刷

初版日期　2021 年 02 月 03 日初版一刷
初版日期　2024 年 05 月 10 日初版三刷
定　　價　350 元
I S B N　9789869906067
書　　號　1XJO0009

國家圖書館出版品預行編目(CIP)資料

零失誤法則｜工作效率高又能不出包的人，究竟做了什麼？
/ 飯野謙次著 ; 卓惠娟譯 . -- 初版 . -- 新北市 : 新樂園出版 ,
遠足文化事業股份有限公司 , 2021.02
264 面 ; 14.8×21 公分 . --（Job：009）
978-986-99060-6-7（平裝）

1. 工作效率 2. 職場成功法

494.01　　109022010

新樂園
Nutopia

・新樂園粉絲專頁・